15天快速上手 Python

从编程基础、网络爬虫到人工智能

[日]中岛省吾◎著

李晗◎译

U0199746

人民邮电出版社

北 京

图书在版编目（CIP）数据

15天快速上手Python：从编程基础、网络爬虫到人工智能 /（日）中岛省吾著；李晗译. -- 北京：人民邮电出版社，2022.8
ISBN 978-7-115-59085-5

Ⅰ. ①1… Ⅱ. ①中… ②李… Ⅲ. ①软件工具一程序设计 Ⅳ. ①TP311.561

中国版本图书馆CIP数据核字(2022)第055589号

◆ 著　　　[日] 中岛省吾
　　译　　　李　晗
　　责任编辑　秦　健
　　责任印制　王　郁　焦志炜
◆ 人民邮电出版社出版发行　　北京市丰台区成寿寺路 11 号
　　邮编　100164　电子邮件　315@ptpress.com.cn
　　网址　https://www.ptpress.com.cn
　　北京市艺辉印刷有限公司印刷
◆ 开本：800×1000　1/16
　　印张：16.75　　　　　　　2022 年 8 月第 1 版
　　字数：285 千字　　　　　 2022 年 8 月北京第 1 次印刷
　　著作权合同登记号　图字：01-2019-7526 号

定价：79.80 元
读者服务热线：(010)81055410　印装质量热线：(010)81055316
反盗版热线：(010)81055315
广告经营许可证：京东市监广登字 20170147 号

内容提要

　　Python 作为一门功能强大且利于理解和使用的编程语言，非常适合编程初学者入门。本书详细阐述了 Python 编程的基础知识，同时介绍了 Python 在网络爬虫和 AI 编程方面的应用。本书还通过丰富的实用案例介绍了掌握 Python 编程的必备知识，并针对学习过程中的重点和难点进行了深入剖析。本书采用师生互答的形式讲解，共有三篇，每一篇 5 天学完，每一天均有详细的学习说明，以帮助读者快速掌握 Python 基础知识，并用其解决工作中遇到的问题。

　　本书内容丰富，语言风趣幽默，适合对 Python 编程感兴趣的初学者参考。

前 言

随着人工智能大浪潮的到来，机器学习、深度学习变得越来越火！Python 作为机器学习的重要编程语言，已经蝉联 TIOBE 编程语言排行榜冠军。

未来是人工智能的时代，我们有理由相信 Python 将发挥更大的作用。

2017 年 7 月，国务院印发《新一代人工智能发展规划》，提出面向 2030 年我国新一代人工智能发展的指导思想、战略目标、重点任务和保障措施。

2017 年 10 月，教育部决定自 2018 年 3 月起，在计算机二级考试中加入"Python 语言程序设计"科目。

2018 年 1 月，教育部召开新闻发布会，在"新课标"改革中正式将人工智能、物联网、大数据处理划入新课标，这也意味着新入学的高中生将要开始学习 Python。

Python 一路逆袭，作为人工智能时代的编程语言，Python 无疑正受到越来越多的人追捧。

本书共有三篇，包括 Python 基础篇、Python 网络爬虫篇和 Python AI 编程篇。本书不同于一般的 Python 图书，本书的篇幅虽然较短，但却在有限的篇幅中囊括了掌握 Python 的必备知识。本书采用师生互答的形式讲解，每一篇 5 天学完，每一天均有详细的学习说明，以帮助读者快速掌握 Python 基础知识，并用其解决工作中遇到的问题。

如果您是小白用户，满足以下条件：

- 会使用计算机，但从来没写过程序；
- 还记得在初中数学课上学的方程式和一点点代数知识；
- 想从编程小白变成专业的软件架构师；
- 每天能抽出一定的时间来学习。

不要再犹豫了，这本书就是为您准备的！

资源与支持

本书由异步社区出品，社区（https://www.epubit.com/）为您提供相关资源和后续服务。

提交勘误

作者和编辑尽最大努力来确保书中内容的准确性，但难免会存在疏漏。欢迎您将发现的问题反馈给我们，帮助我们提升图书的质量。

当您发现错误时，请登录异步社区，按书名搜索，进入本书页面，单击"提交勘误"按钮，输入错误信息，单击"提交"按钮即可，如右图所示。本书的作者和编辑会对您提交的错误信息进行审核，确认并接受后，您将获赠异步社区的 100 积分。积分可用于在异步社区兑换优惠券、样书或奖品。

扫码关注本书

扫描下方二维码，您将会在异步社区微信服务号中看到本书信息及相关的服务提示。

与我们联系

我们的联系邮箱是 contact@epubit.com.cn。

如果您对本书有任何疑问或建议，请您发邮件给我们，并请在邮件标题中注明本书书名，以便我们更高效地做出反馈。

如果您有兴趣出版图书、录制教学视频，或者参与图书翻译、技术审校等工作，可以发邮件给我们；有意出版图书的作者也可以到异步社区投稿（直接访问 www.epubit.com/contribute 即可）。

如果您所在的学校、培训机构或企业想批量购买本书或异步社区出版的其他图书，也可以发邮件给我们。

如果您在网上发现有针对异步社区出品图书的各种形式的盗版行为，包括对图书全部或部分内容的非授权传播，请您将怀疑有侵权行为的链接通过邮件发送给我们。您的这一举动是对作者权益的保护，也是我们持续为您提供有价值的内容的动力之源。

关于异步社区和异步图书

"异步社区"是人民邮电出版社旗下 IT 专业图书社区，致力于出版精品 IT 图书和相关学习产品，为作译者提供优质出版服务。异步社区创办于 2015 年 8 月，提供大量精品 IT 图书和电子书，8 以及高品质技术文章和视频课程。更多详情请访问异步社区官网 https://www.epubit.com。

"异步图书"是由异步社区编辑团队策划出版的精品 IT 图书的品牌，依托于人民邮电出版社几十年的计算机图书出版积累和专业编辑团队，相关图书在封面上印有异步图书的 LOGO。异步图书的出版领域包括软件开发、大数据、人工智能、测试、前端、网络技术等。

异步社区   微信服务号

目 录

Python
基础篇

1 第天 **初识 Python**   **003**

第 1 部分　开始使用 Python   003

第 2 部分　计算   008

第 3 部分　数值和字符串   014

第 4 部分　输入   017

2 第天 **控制语句和函数**   **021**

第 1 部分　if 语句和比较运算符   021

第 2 部分　逻辑运算符   026

第 3 部分　while 语句   029

第 4 部分　函数的创建   033

3 第天 **Python 数据类型**   **042**

第 1 部分　列表   042

第 2 部分　列表的便捷功能　047

第 3 部分　元组和集合　050

第 4 部分　字典　054

4 第 天　类和模块　058

第 1 部分　面向对象　058

第 2 部分　类和继承　061

第 3 部分　异常　067

第 4 部分　模块　072

5 第 天　网络通信　076

第 1 部分　电子邮件基础与要做的准备工作　076

第 2 部分　使用 Python 发送邮件　079

第 3 部分　Web 服务器和通信　084

第 4 部分　使用外部库　087

Python
网络爬虫篇

第1天　Web 基础　095

第 1 部分　启动 Web 服务器　096

第 2 部分　Web 服务器与 HTML 的关系　100

第 3 部分　HTML 基础　103

第 4 部分　<table> 标签　108

第2天　CSS 和 JavaScript　112

第 1 部分　CSS 是什么　113

第 2 部分　CSS 选择器　117

第 3 部分　JavaScript 是什么　121

第 4 部分　函数和事件　126

第3天　表单和正则表达式　130

第 1 部分　表单　131

第 2 部分　用 Python 程序接收表单输入　137

第 3 部分　用正则表达式检查输入　142

第4天　Selenium 自动化　147

第 1 部分　Selenium 是什么　148

第 2 部分　Selenium IDE　152

第 3 部分　在 Python 中使用 Selenium　157

第5天　Python 网络爬虫　162

第 1 部分　使用正则表达式进行数据采集　163

第 2 部分　使用 beautifulsoup4 和 XPath 进行数据采集　168

第 3 部分　使用 Selenium 进行数据采集　172

Python
AI 编程篇

第1天 AI 编程准备   **177**

第 1 部分 引言   178

第 2 部分 安装 Anaconda   180

第 3 部分 Jupyter Notebook   182

第 4 部分 NumPy   185

第 5 部分 Pandas   190

第 6 部分 matplotlib   194

第2天 scikit-learn   **198**

第 1 部分 了解 scikit-learn   199

第 2 部分 回归分析   202

第 3 部分 机器学习数据集   206

第3天 监督学习（k 最近邻算法）   **212**

第 1 部分 了解 k 最近邻算法   213

第 2 部分 数据划分   215

第 3 部分 绘制散点图   217

第 4 部分 构建机器学习模型   220

第 4 天 监督学习（其他相关的机器学习算法） 223

第 1 部分 感知机 224

第 2 部分 scikit-learn 感知机 229

第 3 部分 逻辑斯谛回归 232

第 4 部分 支持向量机 237

第 5 天 神经网络和聚类 240

第 1 部分 神经网络 241

第 2 部分 MLPClassifier 分类器 247

第 3 部分 无监督学习 251

第 4 部分 尝试 k 均值算法 254

Python

基础篇

▶ C O N T E N T S

1 第 天　初识 Python　003

2 第 天　控制语句和函数　021

3 第 天　Python 数据类型　042

4 第 天　类和模块　058

5 第 天　网络通信　076

初识 Python

第1部分　开始使用Python

　　这是一个关于在房地产公司认真工作的山本慎吾（25岁）和来自偶像组合"鱼篮坂256"（Gyoranzaka 256）的田中千里（年龄不详）在进入编程教室后所发生的故事。他们两人计划在接下来的5天里学习 Python 编程的基础知识。我们来看看将会发生什么吧!

讲师　大家好，欢迎来到编程教室学习 Python 入门课程，我是中岛老师。

慎吾　我听说即使是初学者，也可以在5天内学会基本的 Python 编程?

讲师　是的。通过5天的学习，您将能开发出发送电子邮件或从网站收集信息的程序。

慎吾　真的吗?

讲师　真的，山本慎吾先生。您正在从事房地产销售工作，我可以友好地称您为慎吾君吗?

慎吾　可以。

千里　嘻嘻，糟了呢。

讲师　嗯，旁边那位是田中千里小姐吧?

千里　是的，请叫我千里吧。

讲师　叫全名的话果然还是有点别扭，我还是叫您千里酱吧。哇! 千里酱原来属于偶像团体啊。

千里　嘿嘿，是"鱼篮坂256"呢。因为在团里算是个小透明，所以每次总是落选。如果我会写程序，大概会吸引一些理科男粉丝吧，我想成为偶像里的极客。

慎吾 啊！是女子偶像啊！

千里 请多多指教！

讲师 今天我们将学习的编程语言是 Python。Python 在字面上是蟒蛇的意思，没有更特别的意义。Python 这一名称来自英国喜剧节目 *Monty Python's Flying Circus*，它是 Python 的发明人 Guido van Rossum（荷兰人）非常喜爱的节目。

千里 我听说过 Python。当 Python 程序员可以致富，是吧？

讲师 至于这个问题，好像一项调查结果表明，Python 程序员年收入高于使用其他编程语言的程序员。

慎吾 我的目标不是成为一名程序员，我真的很喜欢目前的销售工作。但是，我觉得如果我可以开发出对工作有用的应用程序，那么将能够扩大我的工作范围。

讲师 明白了，目的性很重要。现在我们打开随身携带的笔记本电脑。慎吾的是 Windows 系统，而千里的是 macOS 系统。启动后，我们使用浏览器访问 Python 官方网站（见图 1）。

图 1　Python 官方网站

慎吾 突然间出现很多英文和符号。

讲师 左侧是 Python 程序代码。

千里 这就是 Python 啊！

讲师 我们将一组计算机命令和指令称为程序，Python 指令由此处显示的语句构成，这种语句称为"程序代码"或简称"代码"。现在，将鼠标光标悬停在屏幕上的 Downloads 按钮上。

千里 窗口滑动出来了！慎酱的计算机屏幕和我的计算机屏幕不太一样呢。

慎吾 啊？慎酱？是在叫我吗？

千里 是的～慎～酱～。

讲师 即使访问同一网站，服务器也会识别操作系统的差异并切换显示界面。我们先下载 Python 3.6.0 版本吧。首先，单击 Downloads 按钮，在打开的页面中一直往下拉，找到 Python 3.6.0 文件的下载链接。[1]

慎吾 下面的 Python 2.7.13 是什么？

讲师 Python 分为 Python 3.x 和 Python 2.x 系列，其中，Python 3.x 系列采用了新的语言规范。但是，由于仍然有很多使用 Python 2.x 的程序，因此这两个系列都可以下载。顺便说一句，如果使用的是 macOS 系统，则系统中已经安装了适用于 2.x 系列的 Python，因此可以立即启动 Python。

千里 搞定了。

慎吾 啥？

讲师 但是，这次我们将研究 Python 3.x 系列，因此你们两个都应该下载 Python 3.6.0 版本（见图 2）。

慎吾 python-3.6.exe 文件下载好了。

千里 我下载的是 python-3.6.0-macosx10.6.pkg 文件。

1　由于在翻译本书时 Python 3 已经更新到 3.10.1 且官网推荐下载 Python 3，因此下载界面会有所变化。——译者注

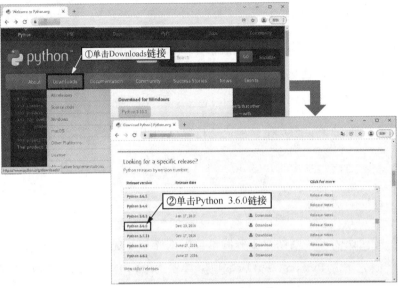

图 2　下载 Python 3.6.0

讲师　这两个文件都需要双击才能启动安装程序。在 Windows 系统中安装 Python 3.6.0 的大致过程见图 3。在 macOS 系统中，如果单击"许可协议"界面上的"继续"按钮，则会出现"您必须同意软件许可协议的条款才能继续安装此软件"的对话框，单击"继续"按钮以继续安装。如果出现询问是否允许安装的对话框，请输入密码，然后单击"安装软件"按钮。当显示安装完成的对话框时，单击"关闭"按钮即可完成安装（见图 4）。

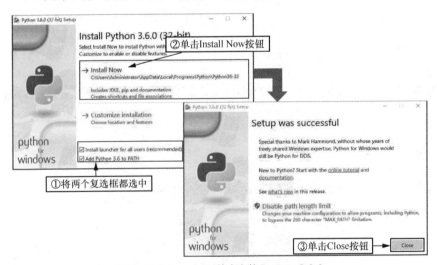

图 3　在 Windows 系统中安装 Python 3.6.0

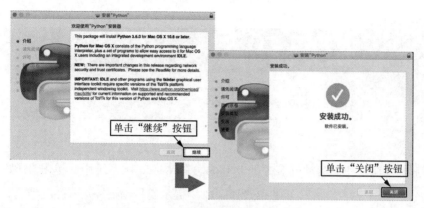

图 4 在 macOS 系统中安装 Python 3.6.0

千里 这是进行 Python 编程的应用程序吗?

讲师 是的,这是用于开发"程序"的程序。

慎吾 这样的话,应该有一个用于开发这个程序的程序,以及一个用于开发这个程序的程序的程序……

讲师 最后,您将回到人类直接编写程序的时代。实际上,人们曾经直接打开和关闭计算机来输入命令,或者在纸带上打孔以进行编程。

慎吾 想起来了,我在以前的动画片里看到过一台纸带计算机。

讲师 过去,人们通过在纸带上打孔来给计算机发送命令和指示。因此,即使到现在,修改现有程序也被称为"打补丁"。换句话说,用补丁将孔补好并修复。

千里 这样啊。但是,当应用程序出问题时,为什么我们将其称为 bug(漏洞)呢?

讲师 那是因为在过去,计算机是通过组合大量称为"继电器"的电气开关制成的。继电器在正常打开时被进入的"虫子"(bug)卡住,导致计算机出现故障,只有清除卡住的虫子后,计算机才能正常运行。根据这个故事,人们将修正程序的不合适之处称为"修复 bug"。

慎吾 呃,被开关夹死的蟑螂。

千里 哎呀,算了吧。

讲师 扯远了。我们休息一下吧。

初识 Python

第2部分　计算

1 第 天

讲师 现在，我们启动安装好的 Python。在 Windows 系统中，单击"开始"按钮，然后在"开始"菜单中选择"命令提示符"。命令提示符启动后，在其中输入"python"并按回车键（见图 1）。

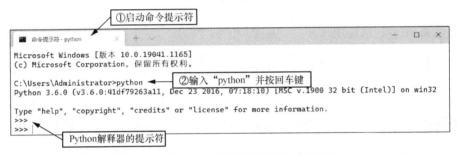

图 1　在 Windows 系统中启动 Python 解释器

慎吾 好的，顺利搞定。

讲师 在 macOS 系统中，单击 Finder 菜单，选择"应用程序"命令，选择"实用程序"命令，启动终端，输入"python3"并按回车键。请注意，如果使用与 Windows 系统中相同的 python 命令，就会启动已安装的 Python 2.x 版本（见图 2）。

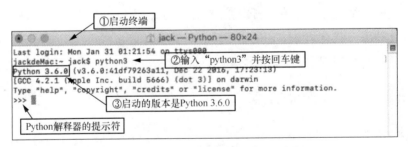

图 2　在 macOS 系统中启动 Python 解释器

千里 好期待啊。

讲师 你们两个人的计算机都显示已经安装 Python 3.6.0。此处启动的程序称为"Python 解释器"，也可称为"交互式 shell"。在 Python 解释器中，输入 Python 命令后，按回车键即开始执行这条命令。在输入处，用于接收输入的符号">>>"称为"提示符"。

慎吾 在提示符后输入 Python 命令。原来如此，那我输入命令"请编写程序。"并按回车键试一下。不行！被拒绝了（见图 3）。

讲师 很遗憾，Python 不懂您输入的是什么。由于 Python 解释器只能理解特定的语法，因此必须按照该语法输入代码。如果违反了该语法，就会显示 SyntaxError。

千里 慎吾，你太着急了。

慎吾 嗯嗯嗯。

讲师 首先，对 Python 下达"Hello Python!"的指示吧。为了显示文字，我们需要使用名为 print 的函数。

慎吾 函数？是数学函数吗？

讲师 和数学中的函数有点不一样。在编程世界中，将"接收参数并返回处理结果"的功能称为"函数"。试着像图 4 所示的这样输入，即使是相同的字母和符号，也请注意半角文字和全角文字是不同的。在 Python 中，除显示在屏幕上的字符串以外，所有的输入都是半角形式的。这一次，我们要显示的文字也用半角形式输入（见图 4）。

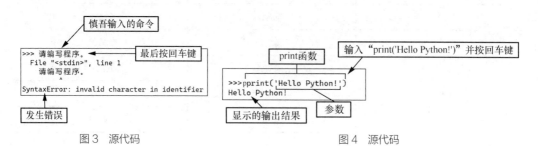

图 3　源代码　　　　　　　　　　　　　　图 4　源代码

千里 怎么说呢，看着很朴素。

慎吾 确实。

讲师 嗯，一开始是这样的，不要失望。print 函数又称为"内置函数"，内置函数是不需要额外安装任何库就可以直接使用的函数。传递给函数的数据称为"参数"，"Hello Python!"部分就是参数。

千里 只会出现文字啊。

讲师 明白了。现在我们使用 Python 进行数值计算。请参照图 5 输入内容并执行。

慎吾 有点像计算机了。

讲师 想必大家已经知道了 Python 可以做加法，当然它也可以做减法和乘法（见图 6）。

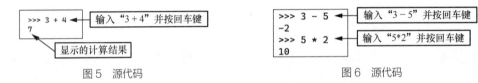

图 5　源代码　　　　　　　　　　　　图 6　源代码

慎吾 乘法符号是"*"？

讲师 这是"星号"。像这样运算时使用的符号称为"算术运算符"，参见表 1。

表 1　算术运算符

运算符	含义	示例
+	加法	3 + 4
−	减法	6 − 2
*	乘法	2 * 4
/	除法	8 / 2
//	舍弃除法	8 // 2
%	求余	5 % 2
**	求幂	2 ** 3

千里 计算机中的乘法和除法的运算符与算术中的是不一样的。"星号"的输入方法是一边按 Shift 键，一边按键盘上的数字键 8，"斜线"是使用"/"键输入的。另外，还有计算"幂"的运算符呢。

慎吾 有两种除法啊。

讲师 使用"//"运算符执行除法运算时，运算结果中小数点以后的内容会被舍弃（见图 7）。

讲师 算术运算本身并不难，但在进行带小数点的计算时，有一点必须注意。例如，0.1+0.1+0.1 是多少？

慎吾 0.3，对吧？

讲师 试试看吧（见图 8）。

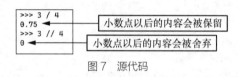

图 7　源代码

图 8　进行带小数点的计算

千里 哇，好像零头有问题。

慎吾 Python 不对啊。

讲师 像这种带小数点的计算，在大部分编程语言中都会有相同的结果，原因在于计算机中的数值都是以"二进制"形式来表示的。

千里 我知道二进制的故事，计算机是 0 和 1 的世界。

讲师 是的。因为计算机是电子设备，所以电流只能处于"流动"或"不流动"状态。流动状态为 1，不流动状态为 0，将二者组合起来就能表示出命令和数据等内容。

千里 但是，为什么在二进制中带小数点的计算会变得如此奇怪呢？

讲师 计算机将指令和数据存储在"存储器"中并加以利用。这种存储器中排列着可以存储电的小水桶，小水桶中有电的话就记为 1，没有电的话就记为 0。

慎吾 计算机的内存中有一个水桶。

讲师 其实，说到底这只是一种比喻。如果将 8 个这样的小水桶排列在一起，就可以表示 00000000 ～ 11111111 的值。这 8 个小水桶称为"1 字节"，计算机的存储器就是以"字节"（B）为单位来存储数据的。另外，1KB 是 1024B，1MB 是 1024KB，1GB 是 1024MB。

千里 我的手机是 64GB 的。

讲师 也就是说，计算机的内存中只能存储 0 和 1，因而无法表示负数和带小数点的数值。为此，我们制定了一些规则，目的是让人们只使用 0 和 1 就能表示负数和带小数点的数值。此类规则有很多，Python 中的小数使用的是"IEEE 754 浮点数"规则。

慎吾 不过，这条规则是有缺陷的。

讲师 与其说是缺陷，不如说是"规格"。

千里 懂了！程序员常用的十大术语。

讲师 嗯。那么，为什么二进制数得不到正确的结果呢？我们实际计算后再分析一下。试着将十进制数 0.25 转换成二进制数，转换方法是：将小数点的前后部分分开计算。因为 0.5 只有小数点以后的内容，所以在将其乘以 2 的过程中，如果结果大于等于 1，则取出 1，否则取出 0，然后将结果排列在二进制数的小数点以后（见图 9）。

千里 十进制数 0.25 等于二进制数 0.01。

讲师 现在试着将十进制数 0.3 转换成二进制数（见图 10）。

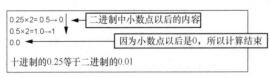

图 9　进行带小数点的计算　　　　　　　图 10　源代码

慎吾 这样的话，计算还没结束呢。

讲师 这种小数称为"循环小数"。也就是说，十进制数 0.3 在二进制中是循环小数。这里请回忆一下计算机内存的故事。计算机以 1B、2B、4B 的分段形式保存数据。但是，循环小数是永远持续的，所以无法全部存储，必须在某个地方进行舍弃。这种计算中的值和内存中的值之间的误差称为"舍入误差"。

千里 也就是说，会显示误差部分。

慎吾 但是，如果小数点以后内容的计算有误差，就有麻烦了吧？

讲师 当然，Python 具有返回正确计算结果的功能。例如，可以使用 decimal 模块中的对象尝试进行计算（见图 11）。

讲师 这是一个使用 decimal 模块中的 Decimal 对象以"无舍入误差"方式计算小数点以后内容的例子。

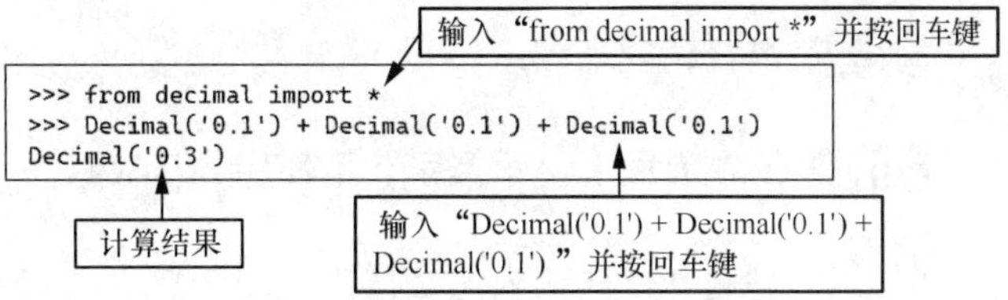

输入 "from decimal import *" 并按回车键

```
>>> from decimal import *
>>> Decimal('0.1') + Decimal('0.1') + Decimal('0.1')
Decimal('0.3')
```

计算结果

输入 "Decimal('0.1') + Decimal('0.1') + Decimal('0.1')" 并按回车键

图 11 源代码

千里 Decimal 对象？它不是函数吗？

讲师 Python 采用了"面向对象"的思想，一切都是由"对象"构成的。输入的数值、字符串、函数等，它们真正的原型都是"对象"。

慎吾 全部都是对象？您在说什么啊？

讲师 关于"面向对象"，我将在第 4 天详细说明，现在请将其想象成"集合了各种功能的程序"。

千里 虽然不知道为什么，但 Python 中的一切都是"对象"。

讲师 是的，这里还出现了"模块"，这个术语也将在第 4 天详细说明。根据功能的不同，我们需要使用 import 语句导入适当的模块。

慎吾 感觉就像期权一样。

讲师 是啊。小数点以后内容的计算就到此为止吧。

初识 Python

第3部分　　数值和字符串

第　天

讲师　接下来，我们同时显示算式和计算结果。首先，请在界面上显示"3+4="。

千里　哇，问题突然被提出来了。

慎吾　输入"3+4="自然就可以了（见图1）。

慎吾　啊，又是 SyntaxError！

千里　慎吾，我来试试。

讲师　要在界面上显示文字，请使用 print 函数。

千里　是啊，这样输入怎么样（见图2）?

图1　源代码

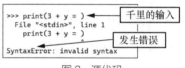

图2　源代码

千里　糟了，结果和慎吾的一样。

讲师　在使用 print 函数显示字符串时，需要将参数字符串使用"'"（单引号）或"""（双引号）括起来（见图3）。

慎吾　字符串? 但这是 3+4 啊。

讲师　如果不加单引号或双引号，表示的就是"表达式"（见图4）。

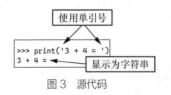

图3　源代码

图4　源代码

千里 做好了！

讲师 那么，请在"3+4="的后面显示计算结果。

慎吾 总觉得很麻烦，这样做怎么样？哦，SyntaxError 又出现了（见图 5）！

千里 很好。

讲师 真可惜。我知道您想做什么，是想显示 3+4=7 吧。为此，必须使用 str 函数将表达式的结果转换成字符串（见图 6）。

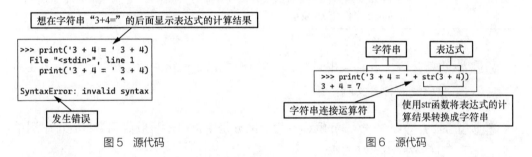

图 5 源代码　　　　　　　　　　　　　图 6 源代码

慎吾 狡猾，str 函数什么的我们不知道啊。

讲师 对不起，print 函数的参数必须是"字符串"或"可以转换成字符串的值"。由于 3+4 的结果 7 是数值，因此即使和字符串连接，数值也不会变成字符串。

千里 我不太清楚字符串和数值的区别啊。

讲师 你们在计算机屏幕上看到的文字是文字的图像，文字的图像被分配了号码，这种号码称为"字符编码"。"字符串"是"字符编码的列表"。

千里 我经常听人说字符编码，它是错了就会显示乱码的家伙吧。

讲师 不同字符编码分配给"文字的图像"的"号码"也不同。因此，即使是相同的号码，如果字符编码不同，也会显示不同的图像，形成"乱码"（见表 1）。

表 1　常见的字符编码

字符编码	释义
ASCII	计算机中使用最多的主要用于显示现代英语的字符编码
ISO-2022-JP	简称"JIS 码",其中汇集了 JIS X 0211、JIS X 0201 拉丁字母、ISO 646 国际标准版图形文字、JIS X 0208 等多种字符编码
EUC-JP	在 UNIX 操作系统中处理日文字符时使用的字符编码
Shift_JIS	一种允许多字节字符和单字节字符混合在一起的字符编码,目前还增加了使用场景比较多的、可处理字符的 Windows-31J 和 CP932 等"亚种"
Unicode	一种几乎囊括所有字符的由多字节构成的字符编码,目前 Windows、macOS、Linux 等操作系统都支持

慎吾　也就是说,看起来相同的 3,也有分配给"文字 3 的号码"和"数值 3 的号码"两种含义吗?

讲师　是的。因此,Python 解释器为了区分是字符串还是数值,会将字符串用单引号或双引号括起来。

千里　没有用单引号括起来的 3+4 不是字符串,因而需要用 str 函数将计算结果转换成字符串。

讲师　是的。像这样经过函数处理后返回的结果值称为"返回值"。也就是说,str 函数在将一个数值作为参数传递后,会将这个数值的字符串作为返回值返回。最后,可以使用字符串连接运算符将字符串"3+4="和返回值"7"连接起来。

千里　啊,字符串是用运算符进行连接的。

讲师　就这样,界面上显示的是 3+4=7。

千里　哈哈,我明白了。

慎吾　哦,感觉总算是理解了。

讲师　没关系。只要习惯了,就不会在意计算机的结构。我们休息一下吧。

初识 Python

第4部分　输入

讲师 使用 print 函数可以显示文字，下面我们试着用键盘输入文字吧。

慎吾 哦，看起来很开心啊。

千里 好期待啊。

讲师 为了用键盘输入文字，我们需要使用 input 函数。请参照图1输入代码。

慎吾 input 函数的参数显示在屏幕上，我应该输入什么内容呢？

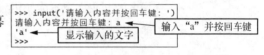

图1　源代码

千里 输入"a"并按回车键，字母 a 就显示出来了。

讲师 显示的文字是 input 函数从提示符那里接收的。这样的话，由于没有其他用处，因此未将接收的文字存储在"变量"中，而是直接显示出来。

千里 变量？

慎吾 这和数学中的"变量"有什么不同吗？

讲师 在数学中，我们会为了将未知的值代入公式而使用变量；而在编程中，变量是存储值的存储器区域，经常被比喻成存放值的"箱子"。总之，试试在名为 my_name 的变量中输入自己的名字（见图2）。

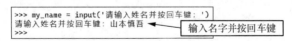

图2　源代码

慎吾 这里显示"请输入名字并按回车键"，那我输入自己的名字"山本慎吾"并按回车键试试。噢，什么都没发生。

讲师 这段代码使用"="运算符将 input 函数的返回值赋值给变量 my_name。

千里 在变量中加入值叫作"赋值"，总觉得有点夸张。

讲师 那么，试试输入 my_name 并按回车键吧（见图 3）。

慎吾 哦，输入的名字显示出来了。

```
>>> my_name          ← 输入 "my_name" 并按回车键
'山本慎吾'            ← 显示输入的名字
```

千里 变量 my_name 中有名字。

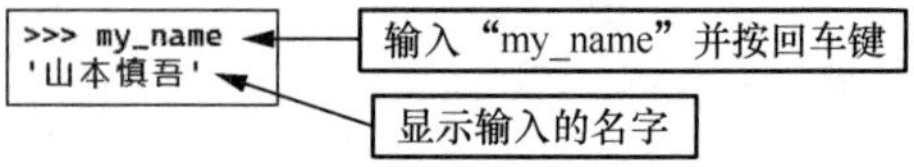

图 3 源代码

讲师 像这样将一个值赋值给变量之后，就可以使用这个值了。但是，在考虑变量的名称时，请遵循以下规则。

- 变量名中可使用的字符包括半角形式的字母以及下画线和数字。
- 区分大小写。
- 变量名的开头文字不能使用数字。
- 不能使用保留字。

慎吾 保留字是什么？

讲师 在 Python 中，保留字是指具有语法意义的单词。保留字也称为"关键字"，如下所示。

False	class	finally	is
return	none	continue	for
lambda	try	True	def
from	nonlocal	while	and
del	global	not	with
as	elif	if	or
yield	assert	else	import
pass	break	except	in
raise			

千里 和保留字相同的变量名不能用，我试试是不是真的（见图 4）。果真如此，

class 是保留字，所以不能用。

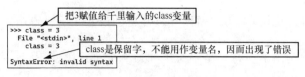

图 4　源代码

慎吾　这么说来，只有 False 和 True 的首字母是大写形式的。

讲师　这两个都是"常数"，就像"值是不能改变的固定变量"一样。True 和 False 是用来判断条件的，所以你们要记住。接下来将计算结果赋值给变量 ans（见图 5）。

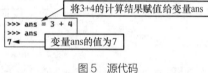

图 5　源代码

慎吾　原来如此，把 3+4 的计算结果赋值给变量 ans，然后显示出来。

讲师　变量之间也可以进行运算（见图 6）。

图 6　源代码

千里　将 3 赋值给 x，将 4 赋值给 y，将 x 与 y 的和赋值给 ans，所以 ans 的值为 7。

讲师　怎么样？变量没有那么难吧。那么，请从键盘输入两个值，编写程序来显示这两个值的和。

千里　骗人的吧？又是突袭问题。嗯，先输入的是 input 函数，将其返回值存入变量 x 中，再将通过 input 函数输入的值存入变量 y 中，要计算这两个值的和，输入 x+y 并按回车键不就行了吗（见图 7）？

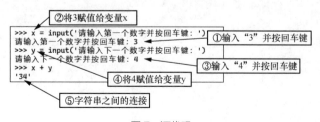

图 7　源代码

千里 啊，为什么会变成 34 呢？难道是因为字符串？

讲师 够聪明，input 函数以字符串形式接收输入。因此，变量 x 和 y 是字符串。

慎吾 啊，我明白了。将一个字符串和另一个字符串使用"+"运算符进行"相加"，相当于连接字符串。

讲师 太棒了。因此，这里要用到将字符串转换为数值的 int 函数，请按照图 8 所示的形式输入命令。

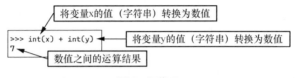

图 8　源代码

千里 老师，您又作弊了。这种事，您要先说出来啊，好气人啊。

慎吾 对 Python 有点了解了。

讲师 那太好了，我们今天就到这里吧。当结束 Python 解释器时，需要使用 quit 函数（见图 9）。

图 9　源代码

慎吾 结束啦！

讲师 明天，我们将继续深入学习 Python 语法的核心，敬请期待。

控制语句和函数

第1部分　if语句和比较运算符

讲师 今天，我们学习决定处理流程的"控制语句"。

千里 处理流程？

讲师 所谓流程，就是 Python 代码。换言之，也就是以怎样的顺序执行"处理"。可以将这个"顺序"称为"处理流程"。

慎吾 处理顺序不是输入 Python 提示符的顺序吗？

讲师 在 Python 中，即使是输入代码，如果不符合条件，也不会执行代码，您也可以多次重复执行输入的代码。像这样控制执行处理顺序的语句称为"控制语句"。控制语句有"if语句"和"while语句"等。

千里 if 是"如果"的意思吧？

讲师 是的。使用 if 语句可以写出像"如果条件成立，请执行这个处理"这样的代码。

千里 "如果您是焦点，请站在舞台中央……"之类的语句。

讲师 "如果您是焦点"部分就是"条件"，"请站在舞台中央"部分相当于"处理"。具体来说，if语句的使用语法参见图1。

慎吾 "缩进"是什么？

讲师 是指在句子的开头放置空格。在 Python 中，当您在条件的后面输入冒号并换行时，一定要加上缩进，因为只有这样才可以表现出是"代码块"。

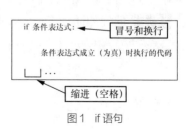

图1　if语句

千里 就像粉丝见面会上的安保人员一样?

讲师 除"防止"的意思之外,还有"区域""区划"的意思。我觉得实际的输入比较容易理解,比如输入图 2 所示的代码并尝试执行。这段代码首先将 3 赋值给变量 x,然后输入 if 和一个空格。接下来输入 x==3 以比较 x 的值和 3 是否相等,这种式子称为"条件表达式","=="称为"比较运算符"。最后,判断这个条件表达式的结果,变量 x 的值等于 3,于是执行"print('x 等于 3')"。

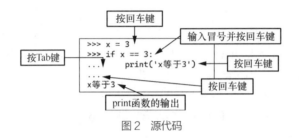

图 2 源代码

慎吾 if 语句在用冒号换行时会出现"…"。

讲师 这不是在执行代码,而是在等待后续代码的状态。这时,可以按 Tab 键或空格键进行插入。相同缩进深度的代码表示相同的代码块。这次虽然只有 print 函数,但多行代码如果使用相同深度的缩进聚集在一起,就会将它们当作同一代码块中的代码进行处理。

千里 所以,"缩进"是"区域""区划"的意思。

讲师 当 if 语句的条件成立时,就会执行它下面的代码块,否则忽略该代码块中的所有代码。

慎吾 原来如此。但是,将 3 赋值给变量 x,条件成立不是理所当然的吗?

讲师 的确如此。下面使用昨天学过的 input 和 int 函数将输入的数值赋值给变量 x。开始时输入数值 3,然后再次输入除 3 以外的其他数值并执行,查看结果(见图 3)。

千里 由于输入的是 4 而不是 3,因此什么都不显示。

讲师 当 x 为 3 时，条件表达式 int(x) ==3 成立；当 x 为 4 时，这个条件表达式不成立。像这样，条件表达式成立称为"条件为真"，此时条件表达式的值为 True；而条件表达式不成立则称为"条件为假"，此时条件表达式的值 False。

慎吾 条件表达式的值？

讲师 是的。条件表达式成立时为 True，不成立时为 False。请使用图 4 所示的代码进行确认。

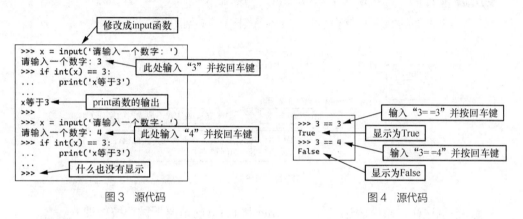

图 3 源代码　　　　　　　　　　　　图 4 源代码

慎吾 真的！条件表达式返回的是 True 和 False。

讲师 除"=="以外，比较运算符还有好几个，参见表 1。

表 1　比较运算符

运算符	含义
==	a == b 在 b 和 a 相等时为 True
!=	a != b 在 b 和 a 不相等时为 True
>	a > b 在 a 大于 b 时为 True
<	a < b 在 a 小于 b 时为 True
>=	a >= b 在 a 大于或等于 b 时为 True
<=	a <= b 在 a 小于或等于 b 时为 True

千里 也就是说，使用这里的比较运算符判断条件表达式是否成立，从而决定是

否执行代码块中的代码。但是，如果想在条件表达式成立时和不成立时分别执行不同的代码，该怎么办呢？

讲师 也就是说，想在条件表达式变成 False 的时候执行不同的处理。在这种情况下，需要使用 if-else 语句（见图 5）。

千里 呵呵。

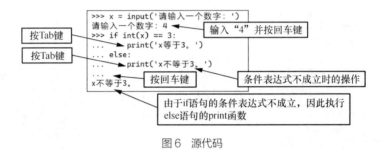

图 5　if-else 语句

讲师 下面的代码使用了 if-else 语句，如果输入 3 以外的数字，就会显示 "x 不等于 3。"（见图 6）。

图 6　源代码

千里 就这样在条件表达式分别为 True 和 False 的情况下做切换处理。

讲师 此外，使用 elif 语句可以判断多个条件（见图 7）。

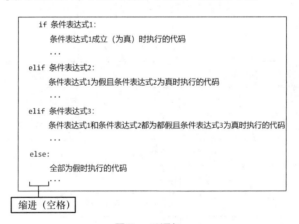

图 7　elif 语句

千里 这是什么？

慎吾 这是复杂的条件语句。

讲师 elif 语句必须和 if 语句组合使用，并通过计算条件表达式来求取结果，这称为"判断"。在这种情况下，判断的顺序是：首先判断 if 语句，如果 if 语句的条件表达式 1 成立，则执行"条件表达式 1 成立（为真）时"对应的代码块；然后跳转到 else 代码块的下面，之间的代码将全部被忽略。

千里 那么当"条件表达式 1"为假的时候呢？

慎吾 就去判断下一个条件——"条件表达式 2"？

讲师 是的。因此，如果条件表达式 2 为真，则执行"条件表达式 1 为假且条件表达式 2 为真时"对应的代码块，结束后，跳转到 else 代码块的下面。

千里 然后，依次判断其他条件表达式，当全部条件表达式都为假时执行 else 代码块。

讲师 是的。

慎吾 但这样的代码，我无法马上写出来。

千里 的确如此。

讲师 虽然可能不会马上用到，但请先记住有这样的语法。

控制语句和函数

第2部分 逻辑运算符

讲师 在if语句中，我们使用"比较运算符"来比较变量 x 是否等于 3。变量 x 和 3 一样，作为运算对象的值，称为"操作数"。比较运算符用来比较两个操作数，并返回 True 或 False。

慎吾 比较运算符的使用方法我已经理解了。

讲师 "真"和"假"统称为"逻辑值"。实际上，可以组合比较运算符和逻辑运算符进行更复杂的比较运算。

千里 逻辑？好像很难啊。

讲师 逻辑运算符只有 3 个，所以很容易记住（见表 1）。例如，如果左侧的操作数为 False，则 and 运算符返回 False。如果左侧的操作数为 True，则判断右侧的操作数：如果右侧的操作数也为 True，则返回 True；如果右侧的操作数为 False，则返回 False。虽然听起来很麻烦，但使用实际的代码确认后就会觉得很简单（见图 1）。

表 1 逻辑运算符

运算符	含义
and	从左侧开始判断，如果当前项等同于 False，则返回当前项的值；如果所有项都等同于 True，则返回最后一项的值
or	从左侧开始判断，如果当前项等同于 True，则返回当前项的值；如果所有项都等同于 False，则返回最后一项的值
not	对于表达式 not a 来说，当 a 等同于 True 时，结果为 False，当 a 等同于 False 时，结果为 True

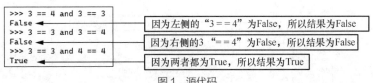

```
>>> 3 == 4 and 3 == 3
False
>>> 3 == 3 and 3 == 4
False
>>> 3 == 3 and 4 == 4
True
```

因为左侧的"3 == 4"为False，所以结果为False

因为右侧的3"== 4"为False，所以结果为False

因为两者都为True，所以结果为True

图1 源代码

千里 and 运算符仅在两侧都为 True 时，结果才为 True。

讲师 是的。下面我们来看一下 or 运算符。在这里，由于只是确认逻辑运算符的返回结果，因此我们将操作数部分替换成逻辑值进行确认（见图 2）。

千里 只要 or 运算符的操作数中有一个为 True，结果就为 True。

慎吾 但是，前面的表 1 中写着"如果当前项等同于 True……"，其中的"等同于"是什么意思？

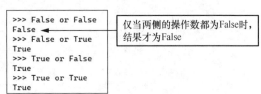

```
>>> False or False
False
>>> False or True
True
>>> True or False
True
>>> True or True
True
```

仅当两侧的操作数都为False时，结果才为False

图2 源代码

讲师 确实，在关于 or 运算符的说明中写着"从左侧开始判断，如果当前项等同于 True，则返回当前项的值……"。其实，逻辑值以外的数值和对象也可用于条件判断。

千里 使用数值来判断条件吗？

讲师 是的。例如，数值 0 等同于 False，而 0 以外的其他数值都等同于 True。因此，可以将 0 和 1 用于条件判断。举个极端的例子，图 3 所示的代码在语法上是没有错误的。

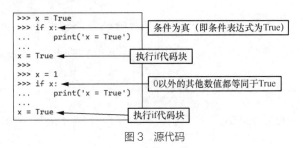

```
>>> x = True
>>> if x:
...     print('x = True')
...
x = True
>>>
>>> x = 1
>>> if x:
...     print('x = True')
...
x = True
```

条件为真（即条件表达式为True）

执行if代码块

0以外的其他数值都等同于True

执行if代码块

图3 源代码

慎吾 由于条件为真，因此执行了 if 代码块，竟然可以用 1 代替 True ！

讲师 同样，由于 False 和数值 0 被判断为等同，因此用数值 0 代替 False 后，也不会执行 if 代码块（见图 4）。

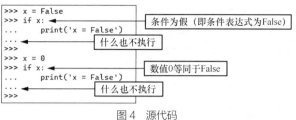

图4　源代码

千里　原来如此!

讲师　接下来，我们用逻辑运算符确认一下（见图5）。

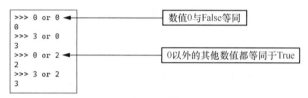

图5　源代码

慎吾　真的! 如果左侧的操作数为3，则3等同于True，所以返回3。"数值0与 False等同""0以外的其他数值都等同于True"，这很重要（见图6）。

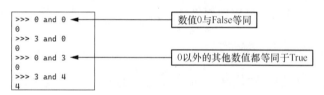

图6　源代码

千里　and 运算符也是一样的。

讲师　逻辑运算符中的 not 运算符仅有右侧的一个操作数，如果这个操作数与 True等同，则返回 False，与 False 等同的话则返回 True（见图7）。

千里　也就是说，正好相反，这比较简单。

讲师　将比较运算符和逻辑运算符组合起来，就能在 if 语句中做出各种条件判断。

慎吾　啊，要记住的东西太多了。

千里　真的，太可怕了。

讲师　那么，我们稍微休息一下吧。

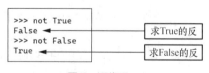

图7　源代码

控制语句和函数

第2天

第3部分　while语句

讲师 在 Python 中，除 if 语句这种根据条件来切换处理的控制语句之外，还有重复处理直至条件表达式成立或不成立的控制语句，重复处理也称为"循环处理"。

千里 "重复"是指逆序执行代码吗？

讲师 虽然不能逆序执行代码，但可以跳转到前面的处理部分。

慎吾 跳转到前面的处理部分？怎么做呢？

讲师 那么，这里我想问下千里，如果要将自己的名字显示 5 次，您会怎么做呢？

千里 冷不丁就来了。额，在 print 函数的参数中加入 5 个自己的名字？

讲师 看下图 1，大概就是这种感觉吧。

千里 是啊，换行可能会好看一些。

加入5个名字

```
>>> print('田中千里田中千里田中千里田中千里田中千里')
田中千里田中千里田中千里田中千里田中千里
```

讲师 要想换行，将"\n"插入字符串中就可以了，尝试一下（见图 2）。

图 1　源代码

"\n"是用于换行的转义序列

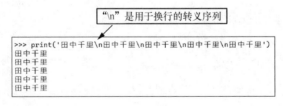

```
>>> print('田中千里\n田中千里\n田中千里\n田中千里\n田中千里')
田中千里
田中千里
田中千里
田中千里
田中千里
```

图 2　源代码

讲师 "\n"这种字符串称为"转义序列"。除"\n"之外，还有"\t"。使用"\t"的效果和按 Tab 键相同，可通过移动鼠标光标来腾出空间（见图 3）。

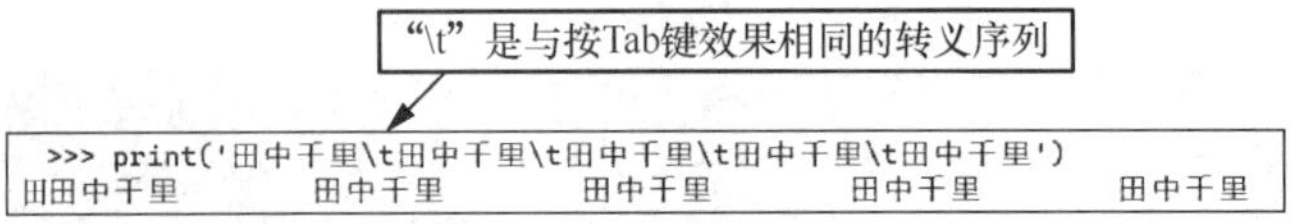

"\t" 是与按Tab键效果相同的转义序列

```
>>> print('田中千里\t田中千里\t田中千里\t田中千里\t田中千里')
田田中千里      田中千里      田中千里      田中千里      田中千里
```

图3 源代码

千里 哇，我说呢。

讲师 ……

千里 啊，不是吗？正好显示了 5 个名字哦。

讲师 当然，这么做也可以。但是，这种方法有局限性。当想要显示 100 个名字时，或者当想要通过输入来提供显示的数目时，这么做就很难办到了。

千里 是啊，不过该怎么办呢？

慎吾 啊，所以才需要进行"循环处理"。

讲师 够聪明！通过"循环处理"可以多次重复执行指定的代码，并且重复的次数可以根据条件判断而改变。

千里 那么，可以重复执行 print 函数吗？

讲师 可以。循环处理分为 while 语句和 for 语句两种，今天我们来学习一下 while 语句的使用方法。while 语句的语法参见图 4。

慎吾 while 语句也要像 if 语句那样使用缩进来构造代码块。

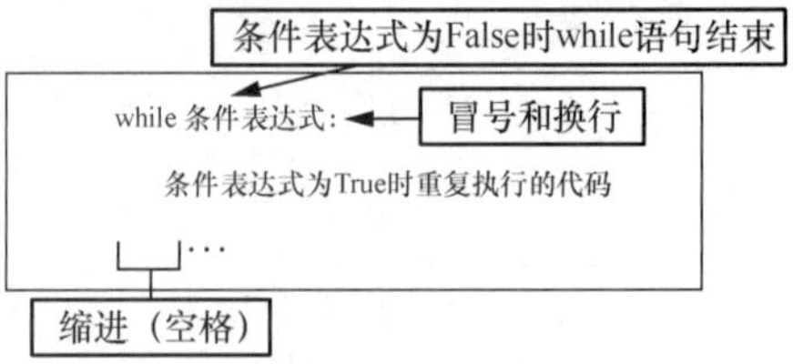

条件表达式为False时while语句结束

while 条件表达式: ← 冒号和换行

条件表达式为True时重复执行的代码

缩进（空格）

讲师 while 语句在条件表达式为假时直接跳转到代码块的最下面，结束 while 语句；而在条件表达式为真时，转移到代码块中并在执行完代码块后，跳转到 while 语句的开头。

图4 while 语句的语法

千里 跳转。

讲师 跳转到 while 语句的开头后，再次对条件表达式进行判断，如果为真，则转移到代码块中并再次执行代码。我们可以使用图 5 所示的代码进行确认。

慎吾 好像变得复杂了。首先将变量 i 设置为 0，while 语句的条件表达式在 i 小于 5 时为 True，所以执行代码块，并且一开始屏幕上就会显示 0。然后执行 i=i+1，i 的值增加了 1，这样就执行到了 while 语句的最后。但是，由于接下来跳转到 while 语句的开头，因此再次判断条件——当 i 小于 5 时执行代码块，此时由于 i 为 1，因此代码块被执行，屏幕上显示 1，i 的值增加 1……就这样循环下去。

讲师 没错。在变量中预先加入值称为"初始化变量"。关键在于，每次重复时都要对初始化的变量执行 i=i+1。随着 i 增加到 5，while 语句的条件表达式变为 False，此时循环结束。现在，参考图 5 所示的源代码，试着将自己的名字显示 5 次吧。

千里 明白了，我已经完成了哦（见图 6）。

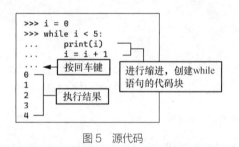

图 5　源代码

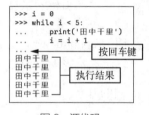

图 6　源代码

讲师 不愧是千里啊。下面我们学习循环处理中常用的 break 语句和 continue 语句，查看代码更有助于理解这两种情况。首先是 break 语句（见图 7）。

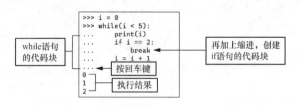

图 7　源代码

慎吾 while 语句的代码块中包含了 if 语句的代码块。为了区分不同的代码块，缩进的程度不一样。

讲师 看一下执行结果就会明白，break 语句的作用是强制跳出循环。通常情况下，与 if 语句组合后，条件表达式变成 True 后就会执行 break 语句。如果不设定条件，break 语句就会立即执行，从而跳出 while 循环。

千里 那就没有循环的意义了。

讲师 接下来是 continue 语句，continue 语句的作用是强制返回到循环的开头（见图 8）。

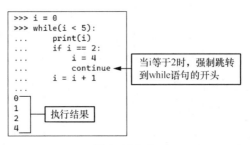

```
>>> i = 0
>>> while(i < 5):
...        print(i)
...        if i == 2:
...            i = 4
...            continue
...        i = i + 1
...
0
1
2
4
```

当i等于2时，强制跳转到while语句的开头

执行结果

图 8　源代码

千里 奇怪了，为什么不显示 3 呢?

慎吾 因为 continue 语句会强制跳转到循环的开头。也就是说，如果 i 为 2，则 if 语句的条件表达式为 True，此时 i 将被设置为 4，然后跳转到 while 语句的开头。

讲师 的确如此。如果不习惯使用缩进来创建代码块，可能就会感到有点困难，但处理流程本身很简单，所以请仔细确认。

控制语句和函数

第4部分　函数的创建

讲师 今天要讲的最后一个主题是"函数的创建"。

慎吾 咦，函数是我自己就能创建出来的吗？

讲师 到目前为止，为了显示字符串，我们使用了 print 函数；而为了将数字字符串转换成数值，我们使用了 int 函数。这些函数都称为"内置函数"，它们是 Python 从一开始就具备的函数。将这些内置函数组合起来，就能创建出"原创函数"。

千里 "原创函数"？

讲师 是的，"世界上唯一的函数"。原创函数可以在 Python 解释器中输入并执行，但是当后面使用时需重新输入。这里我们介绍一下使用文本编辑器创建并执行源文件的方法。在 Python 中，源文件称为"脚本文件"，所以后面我们将源文件称作脚本文件。

慎吾 那么，什么是"文本编辑器"呢？

讲师 文本编辑器是一种用于在计算机中输入和编辑文字的应用程序。通常，文本编辑器可以将您输入的信息保存到文件中。这一次，请安装并使用免费的文本编辑器 ATOM。请启动浏览器并访问 ATOM 官方网站（见图 1）。

千里 怎么说呢，这个网站看起来很时尚啊。

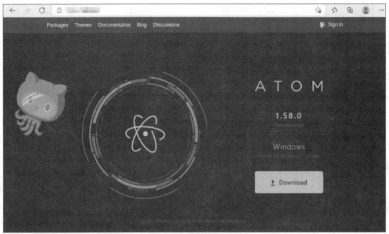

图1 ATOM官方网站

讲师 请单击首页上的 Download 按钮。双击下载的 AtomSetup.exe 文件即可开始安装 ATOM 编辑器。安装完毕，ATOM 编辑器会自动启动。如果使用的是 macOS 系统，只需要下载安装文件就可以启动了；如果下载的是未解压缩的 .zip 文件，只需要将其拖到应用程序文件夹中就可以解压缩并启动 ATOM 编辑器（见图 2）。

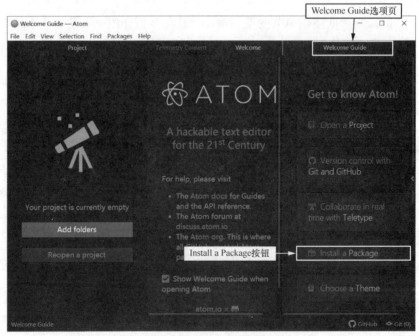

图2 启动 ATOM 编辑器

慎吾 这是一款很成熟的应用程序。但是，菜单是英文啊。

讲师 如果想将菜单变成中文，请单击 Welcome Guide 选项页中的 Install a Package 按钮。如果关闭了 Welcome Guide 选项页，那么可以在 Help 菜单中选择 Welcome Guide 命令，然后单击 Install a Package 按钮。

千里 在我的 macOS 系统中是 Open Installer 这个按钮吗？

讲师 是的，单击 Open Installer 按钮，左侧将出现一个输入框，在此处输入 "simplified-chinese-menu"，然后单击下方的 Packages 按钮。

慎吾 出现 "simplified-chinese-menu" 相关的介绍。

讲师 单击 simplified-chinese-menu 中的 Install 按钮（见图 3）。

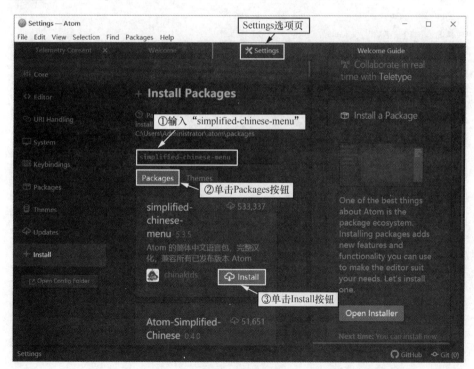

图 3 设置中文菜单

慎吾 咦，好像什么都没发生。

千里 但是，Install 按钮在波动。啊，菜单换成中文的了。

讲师 好了，请在 ATOM 编辑器中输入 Python 源代码吧。由于我们不需要显示 Settings 选项页和 Welcome Guide 选项页，因此请将光标对准这两个选项页并单击显示的 × 按钮来关闭它们。另外，Telemetry Consent 选项页是询问在 ATOM 使用期间是否可以收集信息的界面，单击"是"或"否"按钮，否则重启后会再次显示 Telemetry Consent 选项页。此外，请关闭 Welcome 选项页。

慎吾 现在只剩下 untitled 选项页了。

讲师 单击 ATOM 编辑器右下角的 Plain Text 按钮，这样就会出现让您选择输入哪种语言的对话框，在输入框中输入"python"，然后选择 Python。如果 ATOM 编辑器的右下角显示 Python，则表示进入"Python 模式"（见图 4）。

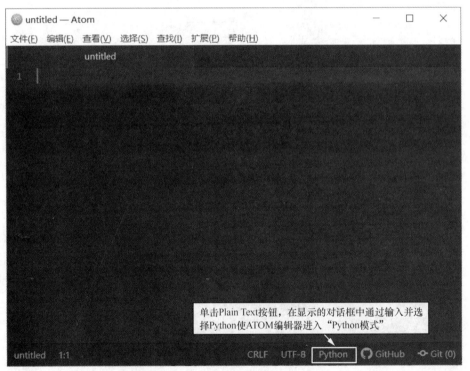

图 4　使 ATOM 编辑器进入"Python 模式"

千里 Python 模式！好酷啊！

讲师 那么，我们创建显示 3 和 4 的和的 add 函数并尝试执行吧。请像下面这样使用编辑器输入（见图 5）并在输入完成后保存。选择"文件"菜单中的"另存为"命令，将会弹出文件保存对话框。在 Windows 系统中文件将保存到"文档"文件夹中（见图 6），而在 macOS 系统中文件将保存到"文稿"文件夹中。

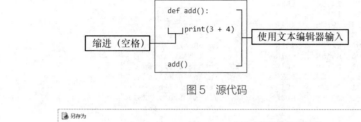

图 5　源代码

图 6　保存文件

千里 嗯。

讲师 设置文件名为 add_test.py，其中，文件名最后的".py"表示这是一个 Python 脚本文件。像这样在文件名中添加的用来表示文件类型的字符串称为"扩展名"。

慎吾 这里用扩展名".py"保存了源文件。

讲师 那么，我们来确认一下源文件是否保存成功。使用 cd 命令切换到 Documents 文件夹，要确认文件是否保存成功，可在"命令提示符"窗口中输入 dir 命令并按回车键，这样就可以显示 Documents 文件夹中的内容了（见图 7）。在 macOS 系统中，需要输入 ls 命令并按回车键。

图7　源代码

讲师 找到源文件后，就试着执行一下吧。在 Windows 的"命令提示符"窗口中输入"python add_test.py"并按回车键（见图 8），或在 macOS 系统中输入"python3 add_test.py"并按回车键。

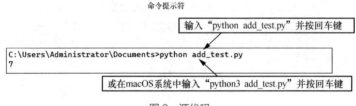

图8　源代码

慎吾 输出结果是 7。

讲师 这是 add_test.py 中定义的 add 函数的执行结果。现在我们来看一下 add_test.py 文件中的代码。首先，def 是用于定义函数的保留字，我们是从这里开始定义函数的。然后是函数名、描述参数列表的括号和冒号。

千里 有冒号，就意味着函数的内容是代码块。

讲师 是的。因此，函数中的代码需要输入。这个 add 函数中只有 print 函数，且只显示 3+4 的计算结果。接下来的 add() 语句则执行了上面创建的 add 函数。像这样，执行函数称为"调用函数"。

千里 这是"原创函数"，呵呵。

讲师 这样做没什么用，但是可以向函数传递参数。修改 add_test.py 文件中的内容，如图 9 所示。在文本编辑器中重写代码后，当需要保存所做的修改时，请从"文件"菜单中选择"保存"。另外，按下 Ctrl+S 组合键可以覆盖保存。保存好之后，使用同样的命令执行 add_test.py。

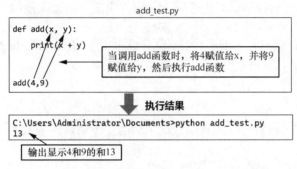

图 9 源代码

慎吾 之所以输出显示 13，是因为在调用 add 函数时传递了 4 和 9。

讲师 是的。在向函数传递值时，需要用参数接收这些值。函数可以没有参数，也可以有多个参数。但是，当函数有多个参数时，基本上是按照参数的顺序来传递值的。由于这里进行的是加法运算，因此将 4 和 9 互换顺序后的执行结果相同。但如果进行的是减法运算，就像 4-9 和 9-4 一样，那么执行结果就会发生改变，因此我们需要注意参数的顺序。

千里 这样就可以将各个数字相加了。是不是更方便了？

讲师 是的，接下来我们用更巧妙的方式输出显示结果（见图 10）。

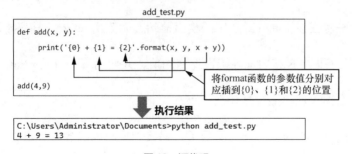

图 10 源代码

千里 这是什么？字符串中有一个名为 format 的函数。

讲师 还记得之前说过 Python 中的一切皆对象吗？实际上，字符串也是对象，所以具有指定格式的功能。

慎吾 就是这个 format 函数。

讲师 是的。与执行结果对比之后，大家就应该知道怎么使用了。

千里 {0} 位置显示了 x 的值，{1} 位置显示了 y 的值，{2} 位置显示了 x+y 的运算结果。

讲师 像这样作为对象的功能发挥作用的函数称为"方法"。这一话题将在第 4 天讨论。我们继续回到函数这个话题。下面讨论函数的返回值。

慎吾 这么说来，函数是可以返回值的。

讲师 是的，函数使用"return 语句"返回值。例如，返回接收到的参数值的和（见图 11）。

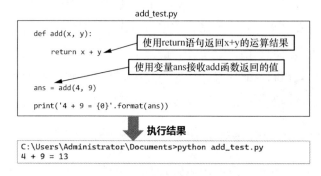

图 11 源代码

千里 这一次去掉了 add 函数中的输出语句，而改用 return 语句返回 x 和 y 的和。

慎吾 使用变量 ans 接收 add 函数返回的值，并使用下一行的 print 函数显示。

讲师 怎么样，理解函数是什么了吗？

千里 既然已经有很多方便的函数了，那么创建原创函数还有意义吗？

讲师 Python 中确实已经有很多方便的函数和对象，但是，如果想要开发一定规模的应用程序，就需要不断地调用各种函数和对象，这会导致代码冗长。因此，以功能为单位创建并调用函数，这样处理流程就会比较容易把握，并且也易于维护。

慎吾 也就是说，虽然现在不需要，但是将来肯定要用到。

讲师 这样理解也没问题。不过，Python 中有"推荐的函数写法"，这种与源代码外观相关的规则称为"编码风格"。在 Python 编码风格中，建议遵循以下规则编写函数。

- 缩进时使用 4 个空格，不使用制表符。
- 适当换行，以使源代码的长度不超过 79 个字符。
- 代码块的分隔使用空行。
- 注释单独写在一行中。
- 运算符的前后和逗号的后面要插入空白，但括号内侧不要立即插入空白。

千里 总觉得有很多约束，有点"繁重"。

讲师 话虽如此，但是如果在使用 Python 编写函数时遵循 Python 编码风格，那么无论谁写的代码都是一样的，因此具有简洁易懂的效果，而且通常这种代码的漏洞也比较少。

慎吾 也就是"胳膊拧不过大腿"。

讲师 嗯，虽然比喻不太恰当，但就是这么回事。今天就到这里吧，大家辛苦了。

Python 数据类型

第1部分　列表

3 第天

讲师 今天我们要学习的是列表、元组、集合、字典等 Python 数据结构。

千里 数据结构？

讲师 数据结构是指计算机为了有效处理数据而制定的"规则"和"形式"。例如，编程中经常使用的数据结构有列表，列表可以将多个变量合并为一个（见图1）。

慎吾 原来如此，就像把多个变量组合在一起做成一个变量包一样。但是，这样做有什么好处吗？

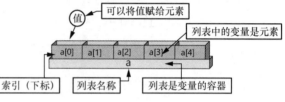

图1　列表示意图

讲师 举个例子，当需要向函数传递 5 个参数时，函数就需要接收 5 个参数。但如果将这 5 个参数转换成列表，那么函数只需要接收 1 个参数即可。

千里 原来如此。

讲师 当需要使用 Python 创建列表这种数据结构时，可以使用"列表"（list）对象。下面让我们试着创建一个包含"1""4""7""10""13"共 5 个元素的列表。首先启动 Python 解释器，然后输入源代码（见图2）。

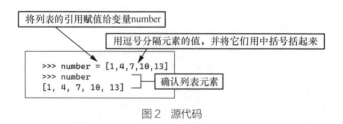

图2　源代码

慎吾 这样就得到名为 number 的列表？

讲师 准确地说，变量 number 保存了列表对象的"引用值"。

千里 嗯？什么嘛。

讲师 关于对象的引用值，后面会进行说明，下面我们先学习列表的使用方法。为了使用列表中的某个元素，我们需要在中括号中添加索引以指向那个元素。索引相当于列表的下标，从 0 开始。需要注意的是，如果指定的索引超出元素的数量，就会出现 IndexError（见图 3）。

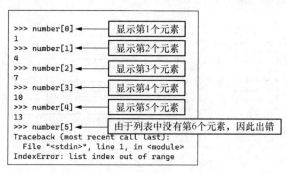

图 3　源代码

慎吾 为了避免出现错误，一定要记住列表中有几个元素。

讲师 只要使用 len 函数，就可以随时查询元素的数量。在访问列表之前，可通过调用 len 函数获取列表元素的数量，然后在该范围内进行访问就不会出现错误，程序也就比较安全（见图 4）。另外，当需要修改列表元素的值时，用索引指定元素并代入新值即可（见图 5）。

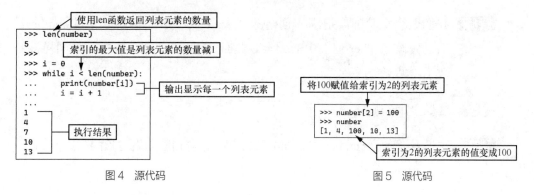

图 4　源代码　　　　　　　　　　　　图 5　源代码

千里 啊，我终于明白了。列表元素都有索引，可以通过索引来选择列表元素。

讲师 是的。顺便说一下，列表可以说是数组的"进化形态"。

千里 我也想进化啊。

慎吾 相对于数组来说，列表在哪些方面进化了呢？

讲师 举个例子，数组一旦创建完，就不能再改变元素的数量；但如果是列表，就可以利用 append 方法和 insert 方法来增加元素的数量，并利用 remove 方法来删除元素（见图 6）。

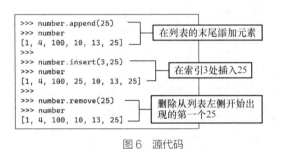

图 6　源代码

慎吾 remove 方法是从列表的左侧开始删除查找到的第一个元素，所以大家要注意查找的方向。

讲师 对了，变量 number 被赋予的是列表对象的引用值。请注意，列表对象本身并不是变量。

慎吾 咦，变量里面没有列表吗？

讲师 我们做个实验吧。把刚才创建的列表 number 赋值给新的变量 number2，然后修改 number 列表中的元素。此时，number2 列表中的元素同样被修改了（见图 7）。

千里 这是为什么呢？

讲师 这是因为变量 number 和 number2 中都保存着相同列表对象的引用值。

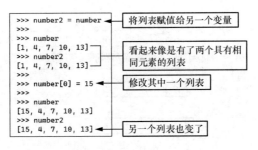

图 7　源代码

慎吾 引用值?

讲师 引用值是指"用于引用对象的值"。当我们在变量 number 中创建列表时，列表对象的引用值被赋值给变量 number。此时的引用值是用于引用列表对象的值，可以使用变量 number 来访问（见图 8）。

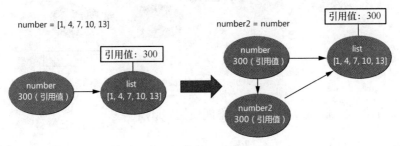

图 8　对象的引用值

千里 对象都有编号，这就是引用值。

讲师 图 8 中的引用值是为了方便而添加的，真实值并不重要。接下来，将变量 number 的值赋给变量 number2，这样就可以复制引用值。也就是说，变量 number 和 number2 将引用相同的列表对象。

慎吾 原来如此，改变变量 number 的话，变量 number2 也会跟着改变。

千里 要想创建另一个具有相同元素的列表，就必须像创建变量 number 时一样重新输入了。

讲师 虽然这样做也可以，但实际上还有其他比较方便的函数。例如，通过 copy 函数可以再次创建一个相同的对象（见图 9 和图 10）。

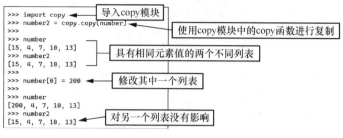

图9　源代码

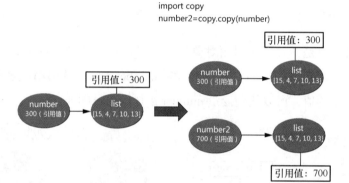

图10　使用 copy 函数复制列表对象

慎吾 不导入 copy 模块的话，就不能使用 copy 函数。

讲师 copy 是用于复制对象的函数，又称为"copy 方法"。copy 方法在引用对象又引用了其他对象的情况下，不会复制所有对象，在这种情况下可以使用 deep copy 方法。

千里 啊？又有点令人苦恼了。

讲师 不过，大家在稍微熟悉 Python 中的对象之后就可以理解 deep copy 方法了。稍微休息一下，接下来我们学习列表的便捷功能。

Python 数据类型

第2部分　列表的便捷功能

讲师　在处理列表这种数据结构时，经常涉及重复元素的处理。例如，当需要删除列表中具有多个相同值的元素时，可以使用 while 语句删除（见图 1）。

创建包含两个'orange'元素的列表

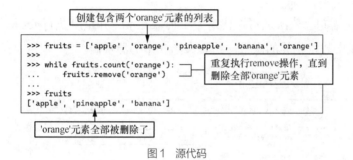

```
>>> fruits = ['apple', 'orange', 'pineapple', 'banana', 'orange']
>>>
>>> while fruits.count('orange'):
...     fruits.remove('orange')
...
>>> fruits
['apple', 'pineapple', 'banana']
```

重复执行remove操作，直到删除全部'orange'元素

'orange'元素全部被删除了

图 1　源代码

千里　在 while 语句中，如果条件表达式为 True，就会重复执行 while 语句的代码块。fruits.count('orange') 部分就是条件表达式，但它做了什么呢？

讲师　如果列表中存在与参数指定的值相同的元素，那么 count 方法会返回该元素的数量。因为列表中有两个 'orange' 元素，所以最初的 fruits. count('orange') 部分为 2。

慎吾　明白了。由于 2 等同于 True，因此执行 while 语句的代码块。执行 fruits. remove('orange') 后，'orange' 元素的数量变成 1，fruits.count('orange') 返回 1。由于 1 也等同于 True，因此再次执行 fruits.remove('orange')。在删除全部 'orange' 元素后，fruits.count('orange') 返回 0，由于 0 等同于 False，因此 while 语句结束。

千里　慎吾，我不明白您在说什么。

讲师 很厉害啊，答案正确。如果没有了 'orange' 元素，fruits.count('orange') 就会变成 0，也就是 False，while 语句结束。当需要按顺序使用元素时，相比于 while 语句，使用 for 语句更加方便。for 语句的语法参见图 2。

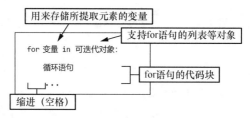

图 2 for 语句的语法

慎吾 咦？for 语句没有判断条件。如果这样，循环不就停不下来了吗？

讲师 for 语句会依次从可迭代对象中提取元素，并重复执行 for 语句的代码块与元素数量相等的次数。请观察图 3 中的源代码。

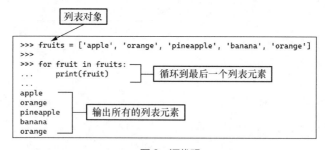

图 3 源代码

千里 这是什么？随意循环到最后，超级方便啊！

讲师 但是，并非任何对象都可以使用 for 语句，只有可迭代对象才可以。

慎吾 额，我还是使用 while 语句吧，这个我比较擅长。

讲师 至于使用哪一种语句，可以视情况而定，但要做到两种都会使用才行。

慎吾 **千里** 好的。

讲师 下面介绍列表的一些便捷功能。首先是"切片"功能，这指的是提取或修改指定范围内的列表元素（见图 4）。

```
>>> fruits = ['apple', 'orange', 'pineapple', 'banana', 'orange']
>>>
>>> fruits[0:2]          对索引为0和1的元素进行切片
['apple', 'orange']      替换索引为1和2的元素
>>>
>>> fruits[1:3] = ['strawberry', 'kiwi']
>>> fruits
['apple', 'strawberry', 'kiwi', 'banana', 'orange']
```

图 4　源代码

讲师　接下来是用于检查列表元素的 in 关键字，in 关键字一般需要与比较运算符配合使用。如果列表中存在与指定值相同的元素，则返回 True，使用方法参见图 5。

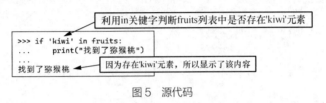

利用in关键字判断fruits列表中是否存在'kiwi'元素

```
>>> if 'kiwi' in fruits:
...     print("找到了猕猴桃")
...
找到了猕猴桃          因为存在'kiwi'元素，所以显示了该内容
```

图 5　源代码

千里　好厉害！

讲师　最后，我们还可以对列表元素进行排序。要对列表元素进行排序，可以使用 sort 或 reverse 方法。sort 方法是按升序排列，而 reverse 方法是按逆序排列。因此，先执行 sort 方法，再执行 reverse 方法，就可以对列表元素进行降序排列（见图 6）。

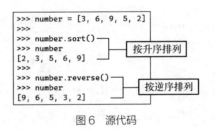

```
>>> number = [3, 6, 9, 5, 2]
>>>
>>> number.sort()
>>> number          按升序排列
[2, 3, 5, 6, 9]
>>>
>>> number.reverse()
>>> number          按逆序排列
[9, 6, 5, 3, 2]
```

图 6　源代码

Python 数据类型

第3部分　元组和集合

讲师 学习完列表之后，接下来要学习的是元组。元组（tuple）具有与列表相同的数据结构。但是，二者之间存在很大差异，比如元组元素的值不能修改。

千里 嗯，还是列个清单比较好。

讲师 但是，相比列表，元组的处理速度更快，使用的内存也更少。

慎吾 元组比较"环保"。

讲师 因此，如果预先知道值不会发生改变，最好使用元组。请输入代码进行确认（见图1）。

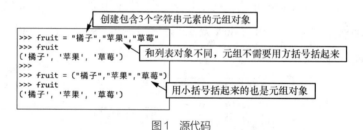

图1　源代码

讲师 元组与列表非常相似，但是元组中的元素并没有用方括号括起来。如果想用括号括起来，使用普通的小括号括起来即可。

千里 那我就不用括号了。

讲师 元组元素的指定方法与列表元素相同，使用方括号括起索引即可。另外，切片范围的指定方法也与列表相同（见图2）。下面我们来确认一下是否可以改变元组元素的值（见图3）。

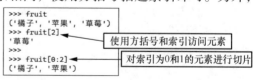

图2　源代码

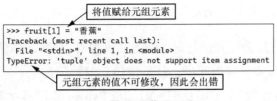

将值赋给元组元素

```
>>> fruit[1] = "香蕉"
Traceback (most recent call last):
  File "<stdin>", line 1, in <module>
TypeError: 'tuple' object does not support item assignment
```

元组元素的值不可修改，因此会出错

图3　源代码

千里 的确，如果输入值的话，屏幕上就会充满错误消息。

讲师 关于元组，如果能够理解列表，那么在使用上应该不会有什么困难，但是在创建没有元素的元组或者只有一个元素的元组时，就需要注意了。例如，在创建只有一个元素的元组时，如图 4 所示，末尾需要加一个逗号。如果没有逗号，这个元素就会被转换成字符串。还有一点需要注意，元组中的元素不仅不能改变，而且不能删除。列表对象有 remove 方法，而元组对象没有。不过，可以使用 del 语句删除元组本身（见图 5）。del 语句不是元组专用的，它也可以用于删除列表。

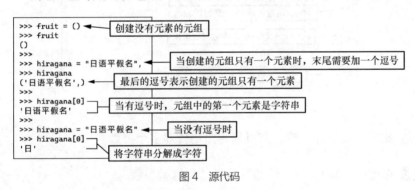

图4　源代码

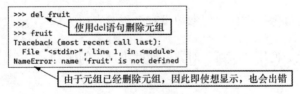

图5　源代码

讲师 此外，我们还可以将元组用作函数的参数来创建"可变长度的参数"。

千里 呵呵，我在唱卡拉 OK 的时候，也会让人把遥控键盘调低。

讲师 您那是"变调"，而这里说的是可变长度的参数。

慎吾 参数的长度可以改变是什么意思？

讲师 如果参数是普通变量，那么当定义函数时，参数的数量是固定的。但是，如果将参数设置为元组，就不用担心参数的数量了，这样的参数又称为"元组型参数"。下面我们暂时结束 Python 解释器并创建一个脚本文件。请在文本编辑器中输入源代码并执行（见图 6）。

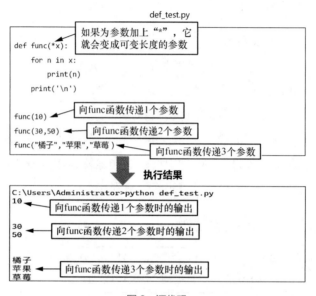

图 6　源代码

千里 如果参数带有"*"，就可以自由地传递多个参数。

讲师 像这样，带有"*"的参数就是"元组型参数"。

慎吾 乍一看好像很方便，但参数没有名称，真讨厌。

讲师 实际上，使用"字典"对象就能解决这个问题。

慎吾 啊？

讲师 但在此之前，我们先来谈谈"集合"。集合（set）虽然也像列表一样拥有元素，但集合中的元素不能重复。此外，集合中的元素没有顺序。下面我们在 Python 解释器中进行确认（见图 7）。

讲师 像这样，即使想让集合中的元素具有相同的值，它们也会被自动删除。

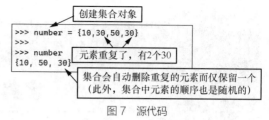

图7　源代码

千里 感觉很有趣啊。

讲师 创建空集合时需要使用 set 函数，使用 {} 不能创建空集合，因为使用 {} 创建的不是集合，而是接下来将要介绍的"字典"（见图 8）。

千里 虽然不知道字典是什么，但空集合必须使用 set 函数来创建。

讲师 是的。另外，集合中的元素没有顺序，因此不能用索引来指定元素，但可以用 for 语句来显示所有元素（见图 9）。

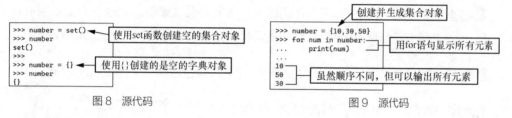

图8　源代码　　　　　　　　　　图9　源代码

千里 这也很有趣。

讲师 最后，我们介绍一下集合的真正用途。集合可以进行并集（union）、交集（intersection）、差集（difference）、对称差集（symmetric difference）等"集合运算"，大家可以使用代码进行确认（见图 10）。

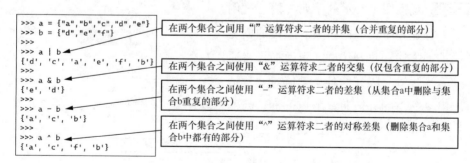

图10　源代码

慎吾 突然进入数学世界啦。

讲师 接下来我们对"字典"进行说明。

Python 数据类型

第4部分　字典

讲师　我先来解释一下字典。字典（dict）对象最大的特征就在于其元素由"键"和"值"组成。其中，键在同一字典中必须是唯一的。另外，字典中的元素没有顺序。

慎吾　字典中的元素也没有顺序啊。

讲师　如果元素有顺序，那么在删除或插入元素时，索引的处理就会变得很麻烦。因此，在进行元素的取出和检索时，元素无顺序情况下的效率比较高。

千里　排队买票时，排在前面的人的朋友插队会让后面的人感觉很不舒服。

讲师　确实，索引的处理和插队造成的麻烦一样棘手。

慎吾　元素是键值对，这有点令人难以想象。

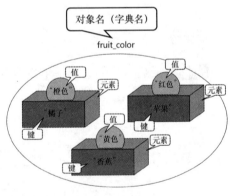

图1　字典示意图

讲师　观察图 1 所示的字典，请尝试创建一个类似的字典。字典的创建方法和集合一样，用大括号将通过逗号隔开的各个键值对元素括起来即可。下面在 Python 解释器中输入源代码进行确认（见图 2）。

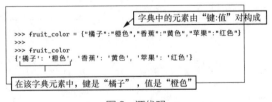

图2　源代码

千里 我总觉得不知道哪个是键、哪个是值。

慎吾 千里，把图和代码对比一下就容易理解了。字典元素是以逗号分隔的，结构是"键 : 值"。

讲师 这样的话，创建的字典元素就可以通过给定的"键"来获取了（见图 3）。

千里 成功获取到了！

图 3 源代码

讲师 当删除字典元素时，需要将字典名和想要删除的字典元素的键传递给 del 语句（见图 4）。

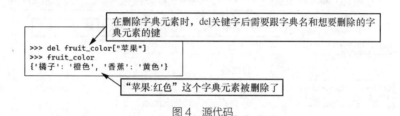

图 4 源代码

慎吾 确实已经删除了"苹果 : 红色"这个字典元素。

讲师 下面尝试进行字典元素的更新和添加。更新字典元素时，需要指定想要更新的字典元素的键并代入新的值；而在添加字典元素时，指定新的键并代入对应的值即可（见图 5）。

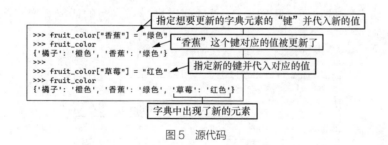

图 5 源代码

千里 这给人一种印象——索引好像是键的列表。

讲师 是啊。虽然很像，但在元素的添加上不需要使用方法，这是字典的典型特征之一。另外，字典对象可以使用 dict 函数来创建。字典中的元素由 dict 函数的参数指定，并且可以使用"key = value"这样的形式进行描述，以

"key = value"形式提供的参数被称为"关键字参数"（见图6）。稍微有点跑题了，我们先在脚本文件中确认一下关键字参数的使用方法。为函数的参数添加"*"后，便得到了"元组型参数"；而如果为函数的参数添加"**"，得到的将是"字典型参数"（见图7）。

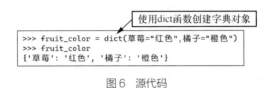

图6 源代码

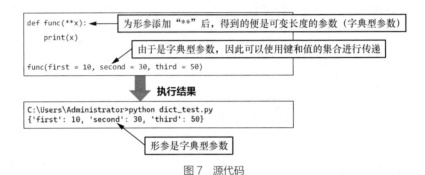

图7 源代码

千里 这样的话，可变长度的参数就可以使用和变量一样的"名称"了。

讲师 最后，我们介绍一下"推导式"。原本需要多行代码才能实现的功能，通过推导式短短几行代码就能实现。例如，用来在空的列表中插入0～9连续数字的代码（见图8），通过列表推导式来写的话就会变成图9所示的样子。

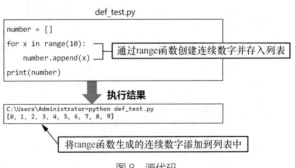

图8 源代码

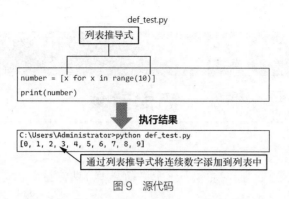

图9　源代码

千里 好厉害，仅用两行代码就实现了相同的功能。

讲师 这是在列表中嵌入了创建元素的代码，字典也可以使用推导式（见图10）。

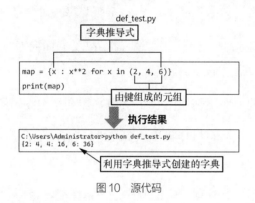

图10　源代码

慎吾 看起来反而很复杂。

讲师 重点是将字典中的键用元组准备好。如果不习惯，这种方式反而让人很难理解，但是请记住，这种写法也是可以的。大家今天辛苦了。

类和模块

第1部分　面向对象

讲师 今天我想从"面向对象"这个话题开始。两位觉得"对象"是什么？

千里 物体？异议？反驳？反对？

讲师 objection 是"异议""反对"的意思，这和"面向对象"中的对象有点不同。

慎吾 您不是经常说艺术作品是"××东西"吗？对象是"物体"的意思吧？

讲师 慎吾，你说得对。但是，在编程世界里，"面向对象"指的是"程序开发方法"或"程序设计方法"。

慎吾 如何开发程序？不是使用 Python 解释器和文本编辑器吗？

讲师 的确如此。虽然可以使用应用程序进行程序的开发，但是程序员也可以自由思考程序的构造和组织方法。

千里 那倒是。不过，这样大家的程序是不是就变得很像了？

讲师 真的会变成同样的程序吗？首先，我们来考虑将输入的两个值相加并输出显示的程序（见图 1）。要想在这段代码中添加程序来求输入值的"差"，该怎么办呢？

千里 在做加法的代码的下方追加做减法的代码。

慎吾 那样的话，必须做完加法后才能做减法。如果是我，一开始就让您选择做加法还是减法。

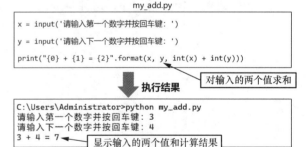

图 1　源代码

千里 好麻烦啊。那就创建"只做减法的程序"，例如 my_sub.py，执行的时候选择这个程序就可以了。

慎吾 不行。因为将来还想添加乘法和除法，所以先选择进行哪种运算绝对很方便。

千里 嗯。

讲师 请不要吵架。也就是说，如果只看当下，简单地启动程序就可以了。但是，如果要添加功能或考虑以后的事情，就会突然出现"拘泥于设计"的情况。

慎吾 对不起，千里。但是，每个人"讲究"的不一样，所以程序的设计方法也是无限的。

讲师 没错！于是很多研究者想出像"程序应该这么编写"这样的规则和制约，"面向对象"就是其中之一。例如，在面向对象编程中，应用程序和系统是通过"对象之间的相互作用"来加以考虑的（见图2）。在面向对象出现之前，人们认为"程序应该分为操作和数据"。把操作和数据分开后，程序的前景就会变得更好。确实，程序的前景变好了，但在其他程序中再次利用操作的时候却不太顺利。

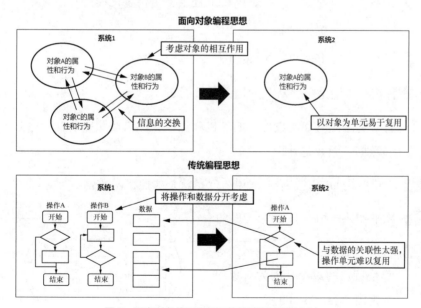

图2 面向对象编程思想和传统编程思想的对比

千里 为什么不能复用呢？

讲师 因为数据和处理的关系过于紧密。即使硬要把处理部分用在别的程序上，也会因为修改太多而失去复用的意义。

千里 不能关系太紧密了。

慎吾 如果是面向对象的话，可以复用吗？

讲师 在面向对象编程中，处理和数据不需要勉强分离，而是可以封闭在对象中加以利用。

千里 果然还是没能把它们分开。

讲师 然后，将对象的数据看作"属性"，而将处理看作"行为"。对象之间可以相互利用对方的行为和属性，使程序运行，这就是"面向对象编程"的起源。

千里 对象之间交换"信息"，还真的很像人类啊。

讲师 通过信息的交换，可以弱化对象之间的联系，从而便于其他程序复用。Python 强烈支持这种"面向对象"的语言。在 Python 中，数值、字符串、函数等都是对象。此外，Python 还准备了很多便捷的其他对象，可以根据需要导入并使用。

慎吾 前面第 1 天用到的"Decimal 对象"就是这样。

讲师 你记得很清楚啊。对象的构成参见图 3。

千里 对象是由变量和函数构成的。也就是说，如果按照以前的程序来说，变量是数据，函数是处理。

讲师 没错。用面向对象语言来说，变量就是属性，函数就是行为。

慎吾 原来如此，稍微有了些印象。

讲师 另外，数值、字符串、函数等都是特殊的对象，因为对象原本是由"类"生成的。

千里 类？

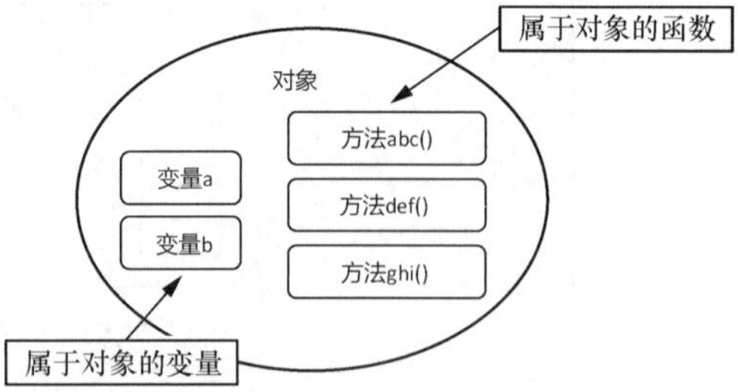

讲师 休息一下，稍后我解释一下类的情况。

图 3 对象的构成

类和模块

第2部分　类和继承

讲师　在面向对象中，对象是由类生成的，由类生成的对象称为"实例"。

千里　"实例"是由类生成的对象。

讲师　因此，在创建实例之前，首先需要创建类。

慎吾　为什么不从一开始就创建实例呢？

讲师　因为需要通过类创建实例，并且从一个类可以生成多个实例，这样效率更高。类也称为"原型"。

慎吾　原型……好像在哪里听说过。

讲师　在创建原创函数时，为参数加上"*"，参数就变成"元组型"；而如果加上"**"，参数就变成"字典型"。其中，"元组型"可以使用"tuple 类"表示，"字典型"可以使用"dict 类"表示。换言之，对象都有自己的基础类，也就是"原型"。

千里　我说呢，原来如此。

讲师　接下来我们一边定义类，一边解释吧。首先，我们创建一个慎吾的类（见图 1）。

慎吾　class Shingo…这是我的类吗？

讲师　是的，name 变量里有你的名字。只要调用 greeting 方法，就可以打招呼哦。

千里　哇，好可爱。

讲师　类的创建语法参见图 2。

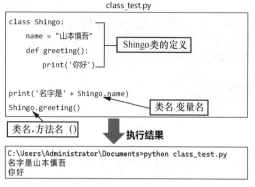

图1　源代码

图2　类的创建语法

千里 "类成员"是什么？

讲师 定义在类中的变量和方法称为类成员。

千里 意思就是类的"一员"。

讲师 如果仅一个对象就足够了，那么可以直接将类用作对象。当使用类作为对象时，可以通过"类名 . 变量名""类名 . 方法名 ()"的形式来使用类的变量和方法。

慎吾 但是这样的话，类就只能用作一个对象吧？

讲师 是的。如果需要多个对象，就必须从类生成实例。当作为实例使用时，需要在方法中添加参数 self。然后，准备好作为对象名的变量，为类名加上小括号，代入变量后，便会生成实例，且引用值会被赋给对象中的变量（见图 3）。

千里 啊，又多了"田中信吾"。

慎吾 在使用实例的变量和方法时，不是使用类名，而是使用对象名。

讲师 "对象名"是被赋予引用值的变量名。

千里 将类作为对象直接使用，与先从类生成实例，之后再使用相比有很大不同。

讲师 于是，问题突然就来了。当需要一个内容和 Shingo 类相同但名称却不同的 Chisato 对象时，该怎么做呢？

慎吾 创建 Chisato 类不就行了吗？

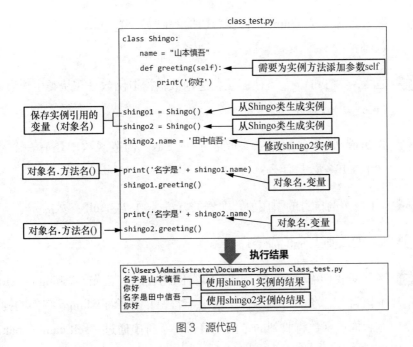

图3 源代码

讲师 这样做的确也可以，但还有更便捷的方法，那就是先创建抽象的 Human 类，等到实例化时再用"构造函数"指定名称，参见图4中的代码。

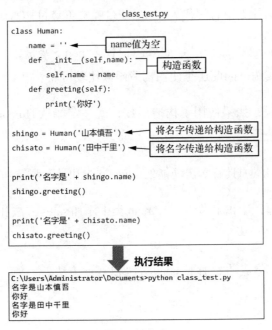

图4 源代码

千里 类的名称变成 Human，这就是抽象化吗？"__init __ 方法"就是构造函数吗？

讲师 是的，"__init __"方法就是构造函数，构造函数是在从类生成实例时就会自动调用的特殊方法。

慎吾 我知道 name 参数用来接收名字。但是，构造函数中还有一个参数 self，这个 self 参数是什么？

讲师 self 是实例自身的引用值，实例的方法必须包含 self 参数。

千里 嗯，总之加上 self 就好了。

讲师 接下来我们看一下 Human 类的实例化代码。首先，"shingo = Human(' 山本慎吾 ')"将"山本慎吾"这个字符串传递给了 shingo 实例的构造函数，然后构造函数将收到的"山本慎吾"字符串通过"self.name = name"赋值给了 shingo 实例的 name 变量。

千里 self 是 shingo 实例的引用值，self.name 是 shingo 实例的 name 变量。既然如此，为什么不直接代入 name 变量呢？不经过构造函数也可以啊。

讲师 虽然可以这么做，但是如果忘记代入 name 变量，就会得到没有名字的 shingo 实例，因此还是使用构造函数比较可靠。

慎吾 也就是说，如果使用了构造函数，就一定能从 Human 类创建"有名字的实例"。

讲师 现在我们添加具有卖房功能的 sales 方法和具有唱歌功能的 sing 方法。

千里 啊，老师，让我来做。在 Human 类中添加 sales 方法和 sing 方法（见图 5），是这样吗？

讲师 太棒了，你成功添加了 sales 方法和 sing 方法。

千里 嘿嘿。

慎吾 不知不觉间……

```
class Human:
    name = ''
    def __init__(self,name):
        self.name = name
    def greeting(self):
        print('你好')
    def sales(self):
        print('需要公寓吗？')
    def sing(self):
        print('唱歌！啦啦啦~噜噜噜~')


shingo = Human('山本慎吾')
chisato = Human('田中千里')


print('名字是' + shingo.name)
shingo.greeting()
shingo.sales()

print('名字是' + chisato.name)
chisato.greeting()
chisato.sing()
```

卖房功能

卖房功能的调用

唱歌功能的调用

执行结果

```
C:\Users\Administrator\Documents>python class_test.py
名字是山本慎吾
你好
需要公寓吗？
名字是田中千里
你好
唱歌！啦啦啦~噜噜噜~
```

卖房了

唱歌了

图5　源代码

讲师　但是，这样下去，Human 类的实例就会变成都既能唱歌，又能卖房。在实际生活中，虽然大家都会唱歌，但并不是随便哪个人都会卖房子。

慎吾　是的，另外我也很讨厌在公司里唱歌。

千里　哎呀，好像很开心啊。

讲师　在这种情况下，如果使用"继承"，就可以在重用 Human 类的同时，通过添加差异来创建新的类。虽然有点难，但是作为参考，我们简单介绍一下如何使用继承（见图6）。

千里　出现了 Shingo 类和 Chisato 类。但是，只有 Chisato 类包含 sing 方法。

class_test.py

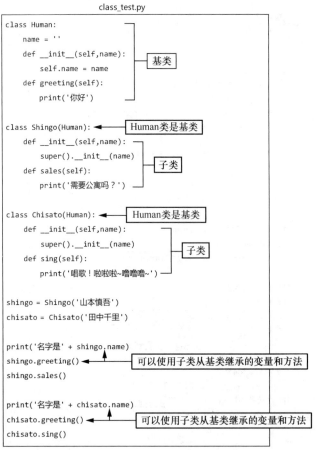

图 6　源代码

慎吾　Shingo 类不仅包含了 sales 方法，而且可以使用 Human 类的 name 变量和 greeting 方法。

讲师　在这种情况下，Human 类是 Shingo 类和 Chisato 类的"基类"或"父类"，Shingo 类和 Chisato 类则是 Human 类的"继承类"或"子类"。

慎吾　子类可以使用父类的变量和方法，这就是"继承"吗？

讲师　是的。继承的优点是：不用改变现有的类，仅添加差异就能创建出新的类。另外，对现有的类进行修改可能会引入新的漏洞，而以继承方式创建新类引入漏洞的概率很小。不过，即使理解不到这种程度也没关系，只要记住有"继承"这个功能就可以了。我们休息一下吧。

类和模块

第3部分　异常

讲师　下面我们从面向对象这个话题开始，大家能理解吗？

千里　我明白了 Python 程序是由对象组合而成的。

慎吾　并且在创建对象之前需要先定义类。

讲师　对，大家的理解加深了很多啊。实际上，在 Python 中，程序产生的错误也是由对象构成的。

千里　错误也是对象？

讲师　是的。我们可以试着使 Python 代码产生错误。编程初学者经常犯的错误就是"语法错误"。例如，当我们在 Python 解释器中输入 if 语句或 while 语句时，如果忘记输入冒号就按回车键，就会产生"SyntaxError: invalid syntax"（见图 1）。

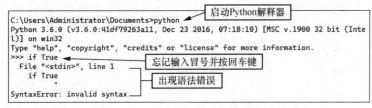

图1　源代码

慎吾　这做得很好啊。

讲师　这里显示的 SyntaxError 的原型是"异常对象"。

千里　异常？

讲师　异常是一种用来通知没有达到预期结果的机制。比如，SyntaxError 用来告诉我们输入时发生了语法错误。异常对象的生成称为"发生异常"。

Python基础篇

慎吾 SyntaxError 异常对象告诉我们程序的"语法有错误"。

讲师 其他的异常对象还包括除以零时发生的 ZeroDivisionError、没有找到对象名时发生的 NameError、出现类型错误时发生的 TypeError 等。

千里 除以零会出错吗？

讲师 会。将任何数值除以零都会出现 ZeroDivisionError（见图 2）。

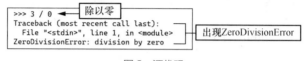

图 2　源代码

慎吾 的确如此。但是，大家可能经常会犯除以零的错误。

讲师 Python 可以进行"异常处理"。在异常处理中，在消除已发生异常的同时，我们可以准备仅在发生异常时才进行的处理，并与原本进行的处理分开。

千里 只有在除以零时才能进行其他处理吗？

讲师 是的。异常处理使用的语法参见图 3。

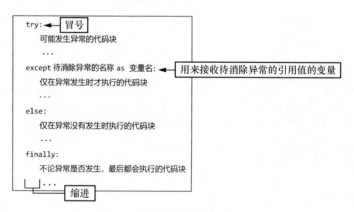

图 3　异常处理

讲师 在异常处理中，我们可以将有可能发生异常的代码写在"try 块"中。如果发生异常，之后的代码会被弹出，并转移到与异常对应的"except 块"。如果在"except 块"中写了"as 变量名"，就可以使用指定的变量获取异常对象的引用值。接下来的"else 块"和"finally 块"可以省略，稍后我会说明。现在，我们使用上述语法处理 ZeroDivisionError 异常（见图 4）。

图 4　源代码

慎吾 这一次不会出现 ZeroDivisionError 异常信息了。

千里 不再发生异常了吗?

讲师 事实上，虽然发生了 ZeroDivisionError 异常，但它在程序执行到 except 块的同时就被消除了。要使用 ZeroDivisionError 的引用值，请在 as 关键字的后面写上变量名，然后在消除异常之前就可以使用 ZeroDivisionError 对象了（见图 5）。

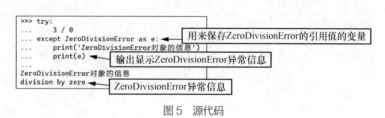

图 5　源代码

慎吾 异常也是对象，因此可以使用其引用值。

讲师 此处，当发生 ZeroDivisionError 异常时就会消除该异常，但如果在 "except:" 的后面什么都不写，就会消除所有的异常（见图 6）。

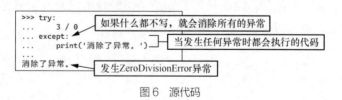

图 6　源代码

千里 except 块真强!

慎吾 这样的话，无论发生什么异常都能进行异常处理。

讲师 但是，所有的异常都会被忽略，所以在使用时需要注意。为了编写没有漏

洞的程序，应该仔细检查有可能发生的异常，并对每个异常进行异常处理。

慎吾 除此之外，还有哪些类型的异常呢？

讲师 要想了解 Python 异常的全貌，参考官方文档是不错的途径。下面我们看看官方文档中描述的异常类的层次结构（见图 7）。

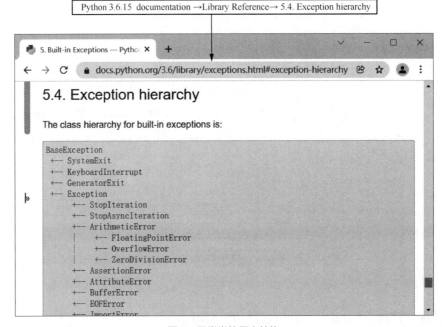

图 7　异常类的层次结构

千里 不行不行，我记不住。

讲师 没必要马上记住。现在只需要知道错误的种类以及有很多异常对象就足够了，后面可以根据需要编写检查程序。

千里 哦。

讲师 最后，我们确认一下 "else 块" 和 "finally 块" 是在什么情况下执行的（见图 8）。运行 my_sub.py 并输入 0，由于要除以零，因此发生异常并执行 except 块。另外，程序最后还执行了 finally 块。再次运行 my_sub.py，试着输入 2。这一次，由于没有发生异常，因此执行 else 块，最终输出 "3÷2 = 1.5"，并且执行了 finally 块。

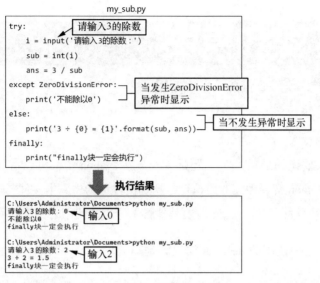

图 8　源代码

慎吾 else 块是在没有发生异常时执行的，而 finally 块总是被执行，那么 finally 块应该在什么时候使用呢？

讲师 可以在不管是否发生错误，都想输出当前状况时使用。因为当使用 finally 块时，无论发生什么类型的异常，都会执行 finally 块。

千里 这是强制性的。

讲师 关于异常的讨论到此为止。

类和模块

第4部分　模块

第4天

讲师 今天要讲的最后一个主题是模块。在 Python 中，可以将代码写在文件中，由 Python 解释器读取后执行，这种文件称为"脚本文件"。与此相对，同样将代码写在文件中，然后由其他脚本导入并使用的文件则称为"模块"。

慎吾 就像之前使用的 decimal 模块，是吗？

讲师 是的。像 decimal 模块这样由 Python 默认内置的模块称为"内置模块"。除"内置模块"外，还有与 Python 本身分开安装并使用的"外部模块"，外部模块有时也称为"扩展模块"。

千里 不知道为什么，各种各样的称呼让人感觉有些混乱。

讲师 脚本文件和模块都是以扩展名".py"结束的文件，模块的特点在于其中的对象和函数需要通过 import 语句导入后才能使用。

千里 模块需要导入后才能使用。

讲师 下面我们创建一个原创模块并学习其使用方法。这一次，我们要做的是定义一个包含加法函数 my_add 和减法函数 my_sub 的模块。首先在文本编辑器中输入代码，并以文件名 module_test.py 保存。然后启动 Python 解释器，并尝试使用 module_test 模块中的函数（见图 1）。

慎吾 首先使用 import 语句导入 module_test 模块，然后以"模块名 . 函数名 ()"的形式调用 module_test 模块中的函数。

讲师 这是模块的基本使用方法。实际上，我们还可以使用省略模块名的 import 语句。参见图 2，仅通过函数名就能调用模块中的函数。

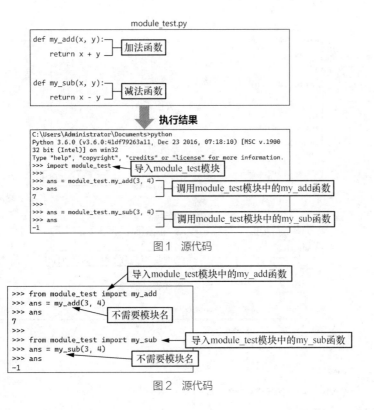

图 1 源代码

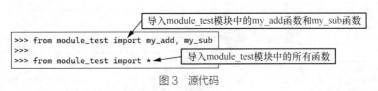

图 2 源代码

讲师 既可以同时导入多个函数，也可以使用"*"（通配符）导入模块中的所有函数（见图3）。

```
导入module_test模块中的my_add函数和my_sub函数
>>> from module_test import my_add, my_sub
>>>
>>> from module_test import *    导入module_test模块中的所有函数
```

图 3 源代码

千里 通配符很方便啊，下次我们使用通配符吧。

讲师 查看模块文件 module_test.py，调用函数的代码也包含在其中（见图4）。下面我们在脚本文件中使用 module_test.py，并在 script_test.py 中描述函数的调用（见图5）。

千里 哎呀，执行 script_test.py 时也会执行 module_test.py 中的函数调用，这有些不方便啊。

讲师 如果使用 import 语句导入，的确是这样的。

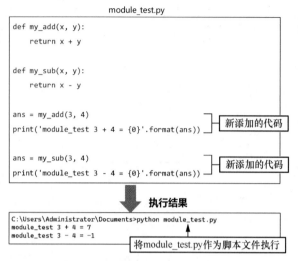

module_test.py

```
def my_add(x, y):
    return x + y

def my_sub(x, y):
    return x - y

ans = my_add(3, 4)                          ┤ 新添加的代码
print('module_test 3 + 4 = {0}'.format(ans))

ans = my_sub(3, 4)                          ┤ 新添加的代码
print('module_test 3 - 4 = {0}'.format(ans))
```

执行结果

```
C:\Users\Administrator\Documents>python module_test.py
module_test 3 + 4 = 7
module_test 3 - 4 = -1
```
　　　　　　　　　　　　　　　　将module_test.py作为脚本文件执行

图 4　源代码

script_test.py

```
from module_test import *

ans = my_add(3, 4)

print('module_test 3 + 4 = {0}'.format(ans))


ans = my_sub(3, 4)

print('module_test 3 - 4 = {0}'.format(ans))
```

执行结果

```
C:\Users\Administrator\Documents>python script_test.py
module_test 3 + 4 = 7
module_test 3 - 4 = -1
module_test 3 + 4 = 7
module_test 3 - 4 = -1
```
　　　　　　　　　　执行script_test.py

　　　　　也会执行module_test.py中的函数调用

图 5　源代码

慎吾 从 module_test.py 中删除函数调用部分会不会比较好？

讲师 有可能，但如果添加了像 "if __name__ == '__main__':" 这样的 if 语句，就不用删除了。可以通过代码进行确认（见图 6）。

千里 为什么在添加 "if __name__ == '__main__':" 语句后就可以防止双重调用呢？

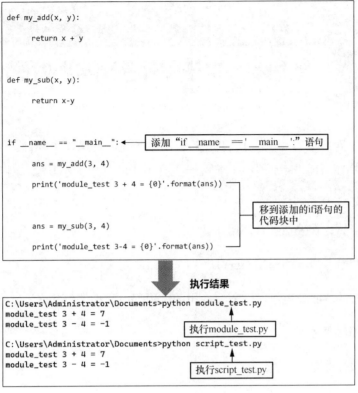

图6　源代码

讲师 我们在 module_test.py 的 if 语句中使用的"__name__"是"全局变量"，利用"__name__"可以获得"调用方的模块名"。但是，当作为脚本文件执行时，"__name__"变成"__main__"。因此，如果直接执行 module_test.py，程序就会执行 if 语句中的代码块，因为此时 if 条件为真。

慎吾 是吗？在从 script_test.py 进行调用时，由于"__name__"变成 'module_test'，此时 if 条件为假，因此不会执行 module_test.py 中的函数调用。

千里 嗯，就是这样切换的。

讲师 是的。大家今天辛苦了，明天我们将开发一个实用的程序，请大家好好复习一下前面所学的知识。

慎吾 **千里** 好的。

网络通信

第1部分　电子邮件基础与要做的准备工作

讲师　今天是最后一天，我们将学习使用 Python 发送电子邮件。关于爬虫，我将在后面进行说明。我们先从发送电子邮件的程序开始。对了，两位平时使用电子邮件吗？

慎吾　当然，在公司经常使用。

千里　和事务所联络时用 Gmail，平时用 LINE。

讲师　好的。收发电子邮件需要专用的应用程序和邮件服务器。

慎吾　邮件服务器？

千里　服务器是什么？

讲师　两位的计算机是通过教室的 Wi-Fi 连接到互联网的，互联网连接着提供各种服务的计算机，通过接入这些计算机，就可以使用邮件、网站等服务。此时，提供服务的计算机称为"服务器"，使用服务的计算机称为"客户端"（见图 1）。

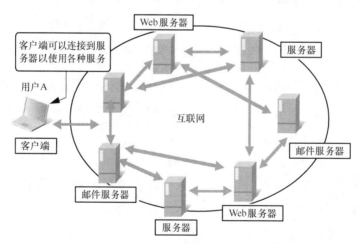

图1　客户端与服务器

千里 发送方的应用程序在向服务器发送邮件后，接收方的应用程序也会接收到邮件。

讲师 是啊。但是，发送方的邮件服务器只是向接收方的邮件服务器发送邮件，而并没有直接发送到对方的应用程序。接收方的应用程序定期确认接收方的邮件服务器是否收到邮件，收到的话就进行下载（见图 2）。

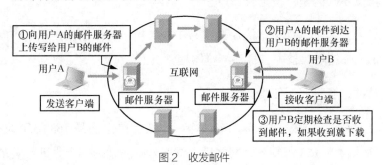

图 2　收发邮件

慎吾 原来如此！我之前还以为会直接传到对方的手机或计算机上呢。

讲师 这种在客户端和服务器之间进行通信的机制称为"协议"。

慎吾 HTTP 是协议吗？

讲师 HTTP 是 HyperText Transfer Protocol 的缩写，它是购物网站和博客网站等 Web 服务器与浏览器通信时使用的协议。

慎吾 电子邮件使用的是其他不同的协议吗？

讲师 电子邮件通过简单邮件传输协议（Simple Mail Transfer Protocol，SMTP）与发送方的邮件服务器通信。能够从接收方的邮件服务器获取邮件的协议有 POP3（Post Office Protocol version 3）和 IMAP4（Internet Message Access Protocol 4）两种。

慎吾 也就是说，在开发用来发送邮件的应用程序时需要使用 SMTP 协议。

讲师 没错。由于 Python 提供了支持各种协议的模块，因此使用很少的代码就可以开发出利用互联网服务的应用程序。

千里 但是，邮件服务器在哪里呢？

讲师 邮件服务器是应用程序的一种，计算机上只要安装相应的软件后，就可以成为邮件服务器。但是，在网络之间收发邮件需要做各种设定。这一次，我们利用网易 163 的邮件服务器，两位都有网易 163 邮箱账号吧？

慎吾 我有网易 163 邮箱账号。

千里 虽然不太清楚，但是我知道它。

讲师 好吧，为了确认能不能使用网易 163 邮箱，请大家用浏览器访问一下网易 163 邮箱吧。首先，打开浏览器搜索页面。

慎吾 好的，我打开了搜索页面。

讲师 在搜索框中输入"网易 163 邮箱"，然后单击网易 163 邮箱的官网链接。进入网易 163 邮箱的官网之后，请输入邮箱地址和密码进行登录。

千里 登录成功了。

讲师 登录成功后，就能够看到网易 163 邮箱的主界面了（见图 3）。

图 3　登录网易 163 邮箱

慎吾 我这里显示了收件箱，这是我第一次在浏览器中使用网易 163 邮箱。

讲师 两位好像都有网易 163 邮箱。现在我们进入发送电子邮件的 Python 程序吧！

网络通信

第2部分　使用Python发送邮件

第5天

[讲师] 下面进入发送电子邮件的 Python 程序。在发送邮件时，使用的是 smtplib 模块。为此，需要首先导入这个模块。

[慎吾] 由于是发送邮件，因此需要使用 smtplib 模块。

[讲师] 是的。然后导入 email 包中的 MIMEText 模块，这个模块用于处理 MIME 格式。

[千里] 我听过哑剧的曲子。

[慎吾] 千里，你多大年龄了？

[千里] ……

[讲师] MIME 是 Multipurpose Internet Mail Extension 的缩写，它是一种用于在电子邮件中添加各种类型数据的标准。原本电子邮件只能收发文字，后来才支持将图像等数据与文字一起发送。

[千里] 总之，在发送电子邮件时 MIMEText 模块非常重要。

[讲师] 是的。我们看一下实际的代码（见图 1）。

[千里] 输入代码并执行就可以了吗？

[讲师] 啊，请不要再输入了，这只是模板，况且这样输入是不会成功的。下面解释程序的内容，等理解之后再输入吧。首先，将发送方的网易 163 邮箱地址和登录密码存入变量，请在这里输入自己的网易 163 邮箱地址和登录密码。

[慎吾] 相当于自己发送给自己。

send_mail.py

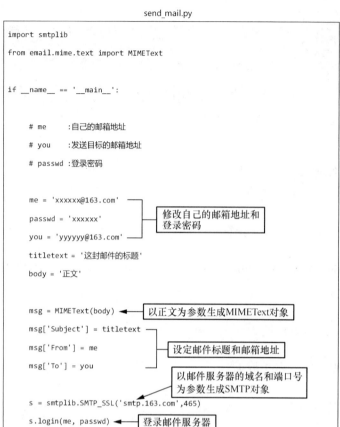

```
import smtplib

from email.mime.text import MIMEText


if __name__ == '__main__':


    # me     :自己的邮箱地址
    # you    :发送目标的邮箱地址
    # passwd :登录密码


    me = 'xxxxxx@163.com'           ┐  修改自己的邮箱地址和
    passwd = 'xxxxxx'               │  登录密码
    you = 'yyyyyy@163.com'          ┘
    titletext = '这封邮件的标题'
    body = '正文'


    msg = MIMEText(body)       ◄──  以正文为参数生成MIMEText对象
    msg['Subject'] = titletext ┐
    msg['From'] = me           ├──  设定邮件标题和邮箱地址
    msg['To'] = you            ┘
                                    以邮件服务器的域名和端口号
                                    为参数生成SMTP对象
    s = smtplib.SMTP_SSL('smtp.163.com',465)
    s.login(me, passwd)    ◄──  登录邮件服务器
    s.send_message(msg)    ◄──  发送邮件
    s.close()
```

图 1　源代码

讲师 接下来创建 MIMEText 对象，传递给构造函数的参数为邮件正文。最后，为 MIMEText 对象的字典设置字符串。例如，Subject 键的值是邮件标题，From 键的值是自己的邮箱地址，To 键的值是发送目标的邮箱地址。

慎吾 CC 也可以设定吗？

讲师 CC 可以用 msg['Cc'] 键来设定，BCC 可以用 msg['Bcc'] 键来设定，剩下要做的就是发送了。在创建 SMTP 对象时，需要指定邮件服务器的 IP 地址、域名和端口号。

千里 又出现了几个新的名词，IP 地址、域名、端口号是什么？

讲师 IP 地址是分配给计算机的号码，用来指定连接到互联网上的哪个服务器。IP 地址是数字序列，在将域名和 IP 地址对应起来之后，使用域名也能找到与互联网连接的服务器。端口号是计算机的邮件服务器程序对外通信的通道，由于此次使用的是网易 163 邮件服务器，因此域名和端口号都是固定的。

慎吾 这样就可以向网易 163 邮件服务器发送邮件了。

讲师 在创建 SMTP 对象时，请使用 SMTP_SSL 方法。login 方法用于登录，因此需要将邮箱地址和登录密码传递给对应的参数。登录成功后，将 MIMEText 对象传递给用于发送消息的 send_message 方法的参数，然后调用 close 方法。客户端和服务器的这种通信都是约定好的，所以就请这样输入吧。

千里 我有些明白了，快点输入吧。

讲师 好的，我们在文本编辑器中输入命令并执行吧（见图 2）。

```
C:\Users\Administrator\Documents>python send_mail.py          ← 输入 "python send_mail.py" 并按回车键
Traceback (most recent call last):
  File "send_mail.py", line 22, in <module>    ← 出现错误信息
    s.login(me, passwd)
  File "D:\Installed\Python360\lib\smtplib.py", line 729, in login
    raise last_exception
  File "D:\Installed\Python360\lib\smtplib.py", line 720, in login
    initial_response_ok=initial_response_ok)
  File "D:\Installed\Python360\lib\smtplib.py", line 641, in auth
    raise SMTPAuthenticationError(code, resp)
smtplib.SMTPAuthenticationError: (550, b'User has no permission')
```

图 2　源代码

慎吾 不行，出现错误。

讲师 啊，对不起，我忘了还必须在网易 163 邮箱网站上开启 SMTP 服务。首先，登录网易 163 邮箱，在页面中单击"设置"，然后单击下拉菜单中的"POP3/SMTP/IMAP"选项，分别开启"IMAP/SMTP 服务"和"POP3/SMTP 服务"即可（见图 3）。

千里 SMTP 服务开启成功后会有什么提示信息吗?

图3 开启 SMTP 服务

讲师 开启成功后会弹窗显示本次开启服务分配的授权密码（见图4），在程序中可以使用该授权密码登录邮件服务器。

图4 SMTP 服务开启成功后得到授权密码

慎吾 我再执行一次 send_mail.py（见图5）。

图 5 源代码

讲师 这次很顺利。请进入收件箱，确认收到邮件（见图 6）。

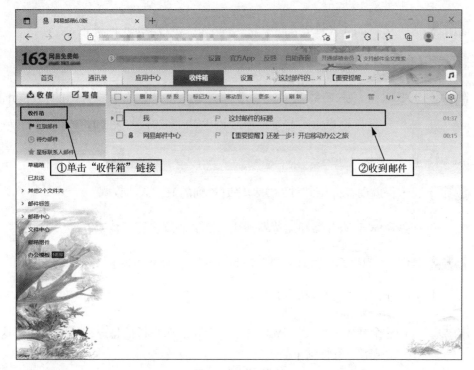

图 6 确认收到邮件

千里 收到邮件了，虽然是自己发送的。

慎吾 基于这个程序就能制作出针对特定客户同时发送销售邮件的稍复杂一些的程序了。

讲师 如果是简单的网络应用，我认为使用 Python 进行开发是非常容易的。

网络通信

第3部分　Web服务器和通信

讲师 下面我们介绍从网站页面中提取特定信息的 Python 程序。

慎吾 网站页面就是浏览器中显示的界面吧。

讲师 浏览器向 Web 服务器发送请求，渲染并显示作为响应返回的 Web 页面。这里介绍的 Python 程序能从响应的 Web 页面中获取特定的信息。

千里 请求？响应？渲染？

讲师 还记得前面在介绍邮件发送程序时提到的 HTTP 协议吗？

慎吾 您是说 Web 服务器和浏览器使用 HTTP 协议进行通信吗？

讲师 是的。在 HTTP 协议中，向 Web 服务器请求 Web 页面称为发送"请求"。

千里 就像通过"点播"播放歌曲一样？

讲师 就是这个样子。然后，Web 服务器接收请求并将信息返回给浏览器，这称为"响应"，参见图 1。

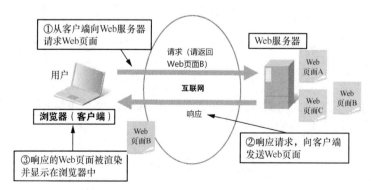

图1　请求和响应

慎吾 也就是说，接下来我们要编写向 Web 服务器发送请求的程序。

讲师 不仅要发送请求，而且要接收响应。响应由文章、链接、程序等各种元素的数据构成，通过这些数据创建页面的过程称为"渲染"。

千里 嗯，好像很难，再简单一些就好了。

讲师 没关系。利用 Python，只需要几行代码就能编写出与 Web 服务器交互的程序。由于是第一次，因此我们尽量使用简单的数据进行实验。下面我们用浏览器确认一下从 Web 服务器发送过来的数据。当通过浏览器访问 Python 官方网站时，首页上有 Python 的 Logo，请从 Web 服务器下载这张图片。

千里 哇，这都可以做到啊。

讲师 这张图片的地址为 https://www.python.org/static/img/python-logo.png。请尝试在浏览器的地址栏中输入上述地址并按回车键，此时浏览器中仅显示 Python 的 Logo（见图 2）。

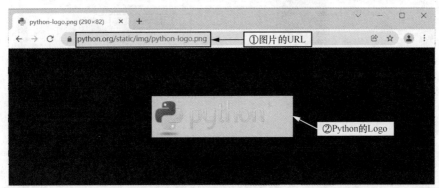

图 2　Python 的 Logo

慎吾 浏览器中显示的图片也有地址啊，我居然不知道。

讲师 这里的图片地址表示"Web 服务器 www.python.org 的 static/img 目录中名为 python-logo.png 的文件"。如果 Web 服务器上存在这个文件，就将其作为响应发送给客户端。试试看吧，请在 Python 解释器中输入图 3 所示的代码并执行。

慎吾 虽然显示了信息，但是确实下载了吗？

```
CC:\Users\Administrator\Documents>python          ←——— 启动Python解释器
Python 3.6.0 (v3.6.0:41df79263a11, Dec 23 2016, 07:18:10) [MSC v.1900 32 bi
t (Intel)] on win32
Type "help", "copyright", "credits" or "license" for more information.
>>> import urllib.request
>>> url = 'https://www.python.org/static/img/python-logo.png'    ┐ 使用urllib.request
>>> img = 'python-logo.png'                                      ┘ 下载Python的Logo
>>> urllib.request.urlretrieve(url,img)
('python-logo.png', <http.client.HTTPMessage object at 0x0364C3D0>)
```

图3　源代码

讲师 没关系。进入运行 Python 解释器的文件夹，里面应该包含下载的 python-logo 或 python-logo.png 图像文件（见图 4）。

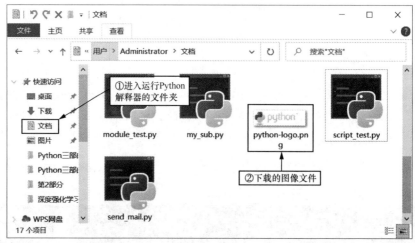

图4　下载的图像文件

慎吾 啊，图像下载好了。

千里 真的只要 4 行代码就能做和浏览器一样的事情啊。

讲师 是的。这段代码导入了 urllib.request 模块，并利用 urlretrieve 方法向 Web 服务器发送请求。urlretrieve 方法会将返回的响应数据保存在本地文件夹中，文件名为 python-logo.png。两位对于向 Web 服务器发送请求并获取响应有什么感觉？

慎吾 嗯，很简单。

千里 Python 太棒啦。

讲师 我们继续往下学习吧。

网络通信

第4部分　使用外部库

讲师 使用 urllib.request 模块可以从网站上简单地下载图像文件。

慎吾 明白了，可以下载图像文件，但可以下载整个 Web 页面吗？

讲师 可以啊。不过，如果只是下载 Web 页面，通过操作浏览器就可以了。接下来我们试着用 Python 程序从 Web 页面中提取特定的信息。

千里 从 Web 页面中提取特定的信息？

讲师 是的。顺便提一下，从 Web 页面中提取信息称为"网络爬虫"，简称"爬虫"。这一次，我们将尝试从 Yahoo! 财经页面中提取日经平均指数的信息。

慎吾 检索指数信息的程序在提取各种信息方面似乎很好用。

讲师 请在浏览器中打开 Yahoo! 财经页面，单击"日经平均指数"的链接（见图 1）。

千里 是提取"日经平均指数"这个数字吗？

讲师 是的，但在解释代码之前，请先用浏览器确认一下这个网页是由什么样的信息组成的，以了解 Web 页面的"真实面貌"。

慎吾 真正的样子？

讲师 这里显示的 Web 页面是由浏览器对来自 Web 服务器的响应数据进行渲染后形成的，这些数据的真实身份是 HTML。

千里 HTML……在网站设计方面听说过，非常棒的家伙！

讲师 如果将浏览器设置为"开发者模式"，就可以详细查看响应数据。在

Microsoft Edge 浏览器中，按下 F12 功能键，页面的下半部分就会显示开发者模式界面；在 Safari 浏览器中，单击 Safari 菜单中的"偏好设置"，然后在"高级"选项卡中勾选"在菜单栏中显示'开发'菜单"，这样菜单栏中就会出现"开发"菜单，选择"开发"菜单中的"显示网页检查器"，便可进入开发者模式界面。开发者模式界面由多个选项卡构成，Microsoft Edge 浏览器中默认会显示 DOM Explorer 选项卡，而 Safari 浏览器的"元素"选项卡中会显示 HTML（见图 2）。

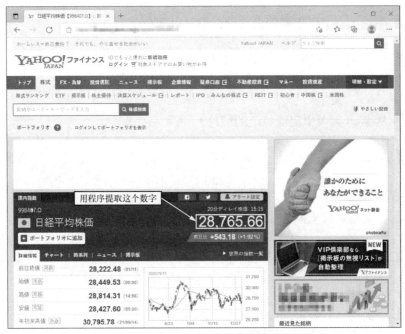

图 1　Yahoo! 财经页面

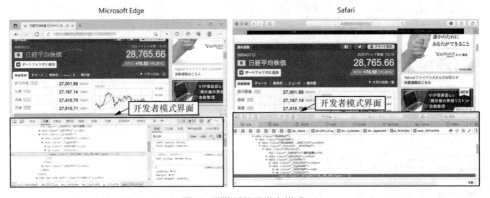

图 2　浏览器的开发者模式

慎吾 这就是 HTML。

讲师 HTML（HyperText Markup Language，超文本标记语言）是使用 <~> 符号表示的被称为"标签"的东西，它能使文档具有各种各样的意义。由于是在文档上标记含义，因此 HTML 被称为标记语言。"超文本"则是因为可以在文档中嵌入指向其他页面的链接而得名。

慎吾 HyperText 是"超文本"的意思。

讲师 由于 HTML 标签 <html lang="ja"> 是整个层级结构的根节点，因此单击左侧显示的 HTML 标签的三角图标就可以展开或折叠整个层级结构。

千里 我单击了三角图标。难道连这个操作 HTML 也要理解吗？

讲师 遗憾的是，只有 HTML 是不够的，掌握 CSS 和 JavaScript 也是必要的。

慎吾 难度突然提高了。

讲师 由于时间问题，我就不解释关于 HTML 和 CSS 的知识了，但是要想做网络爬虫，HTML 相关知识是必不可少的。

千里 哦，没办法，为夺取胜利而努力。

讲师 接下来，检查日经平均指数是用什么样的标签来显示的。在 Microsoft Edge 浏览器中，选中日经平均指数这一数字并右击，从弹出的快捷菜单中选择"检查"命令；在 Safari 浏览器中，由于存在瞄准镜图标，因此如果将其拖放到日经平均指数这一数字上，这个数字就会发生反选（见图 3）。

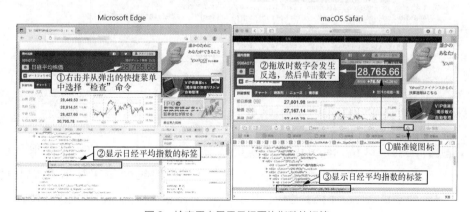

图 3　检查用来显示日经平均指数的标签

慎吾 DOM Explorer 选项卡中出现了"<span class="_3bYcwOHa">28,765.66</span>",这就是显示日经平均指数的标签。

讲师 是的。span 是标签的名称。同时,我们还发现这个标签的 class 属性值为 "_3bYcwOHa"。"<span> ～ </span>"中的～部分称为"标签的内容"。也就是说,可以利用 Python 访问 Yahoo! 财经栏目的日经平均指数页面,从中找到"<span> ～ </span>"标签,这样就可以知道哪个标签的内容是现在的日经平均指数。

千里 网络爬虫必须先检查想要爬取的信息的标签。

讲师 是的,现在我们使用 Python 爬取网页吧。这里使用的模块是 beautifulsoup4,beautifulsoup4 是 HTMLParser 的可替换模块,可以用来分析并提取 HTML。但由于不是标准模块,因此 beautifulsoup4 模块需要从官方网站下载并安装。

慎吾 这有些麻烦啊。

讲师 不用担心,Python 提供了工具 pip3 来帮助我们下载并安装外部模块。大家可以试试(见图 4)。

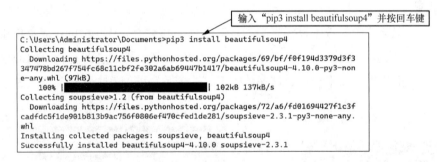

图 4　源代码

千里 真方便啊,只输入一行就结束了。

讲师 是的,这样 beautifulsoup4 模块就安装好了。下面介绍用来获取日经平均指数的代码(见图 5)。首先,前两行代码的作用是下载 Web 页面的 urllib.request 模块以及用于分析 HTML 的 BeautifulSoup 模块。接下来，利用 urlopen 方法访问 Yahoo! 财经栏目的日经平均指数页面并获取数据，其中的 URL 是从浏览器的地址栏中复制过来的。然后，在实例化 BeautifulSoup 对象时，将 Web 页面的数据指定为构造函数的参数。

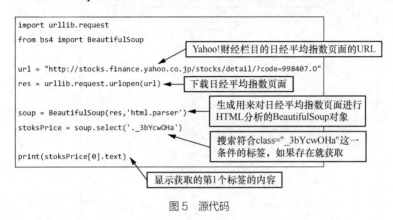

```
import urllib.request
from bs4 import BeautifulSoup

url = "http://stocks.finance.yahoo.co.jp/stocks/detail/?code=998407.O"
res = urllib.request.urlopen(url)

soup = BeautifulSoup(res,'html.parser')
stoksPrice = soup.select('._3bYcwOHa')

print(stoksPrice[0].text)
```

Yahoo!财经栏目的日经平均指数页面的URL

下载日经平均指数页面

生成用来对日经平均指数页面进行 HTML分析的BeautifulSoup对象

搜索符合class="_3bYcwOHa"这一条件的标签，如果存在就获取

显示获取的第1个标签的内容

图5　源代码

慎吾 参数 'html.parser' 是"解析 HTML"的意思。

讲师 接下来，使用 BeautifulSoup 对象的 select 方法检索并取出满足条件 class="_3bYcwOHa" 的标签。

千里 这样就可以将 "<span class="_3bYcwOHa">28,765.66</span>" 赋值给标签对象 stoksPrice 了。

讲师 没错。最后，用 text 变量显示标签的内容。

慎吾 我有些不明白的是，取出的标签对象 stoksPrice 与列表或元组有些像，但是为什么要显示第 1 个元素 stoksPrice[0] 呢？

讲师 这是因为多个元素符合条件 class="_3bYcwOHa"。为了确认，我们进入浏览器的开发者模式，如图 6 所示。日经平均指数这一数字的外部有一个 span 标签，这个 span 标签也会因为符合条件 class="_3bYcwOHa" 而被检索到。正因为如此，我们需要指定发现的第 1 个元素，请尝试执行（见图 7）。

千里 太好了，终于把日经平均指数从 Web 页面中提取出来了。

慎吾 的确如此，就这样从 Web 页面中提取信息吗？

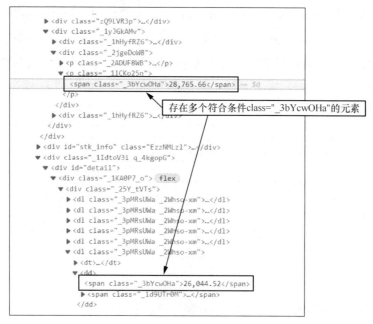

图6 源代码

图7 源代码

讲师 是啊,怎么样?使用 Python 进行网页爬取也很简单,明白了吗?

千里 我一直认为编程是一件非常困难的事情,但实际上 Python 本身并没有那么难。下次我想试着在博客上发表原创程序。

慎吾 利用 Python 就能简单地发送邮件和获取网络上的信息。下次我想开发一款自动收集房地产相关信息并通过邮件发送的应用程序。

讲师 那太好了,你们两个都要加油哦。至此,为期 5 天的 Python 基础编程学习就结束了,大家辛苦了。

Python
网络爬虫篇

▶ C O N T E N T S

第 1 天 **Web 基础** 095

第 2 天 **CSS 和 JavaScript** 112

第 3 天 **表单和正则表达式** 130

第 4 天 **Selenium 自动化** 147

第 5 天 **Python 网络爬虫** 162

第 1 天

Web
基础

第1部分
启动Web服务器

几个月前，在房地产公司工作的山本慎吾（25 岁）和来自偶像组合"鱼篮坂256"的田中千里（年龄不详）参加了中岛讲师为期 5 天的"Python 基础篇"讲座。为了提升 Python 编程技术，他们决定参加此次为期 5 天的"Python 网络爬虫篇"讲座，故事就从这里开始。

讲师 你们好，我是中岛，好久没和两位见面了。你们喜欢用 Python 编程吗？

慎吾 嗨，多亏了您，我已经能阅读 Python 代码了，但是一想到要开发什么应用程序，我就发现自己不懂的东西还有很多。

讲师 慎吾，你是想用 Python 开发网络爬虫（见图 1）吧？

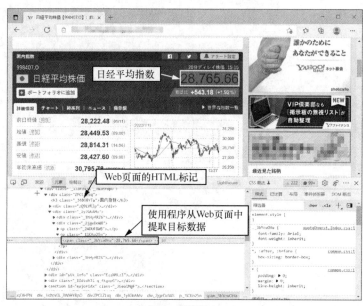

图 1 网络爬虫

慎吾 是啊，不过我在网上查了一下，专业术语太多了，我都不知道说的是什么。

讲师 这么说来，千里也有同样的烦恼。

千里 是啊。我觉得用 Python 可以做各种各样的事情，我每天都在搜索看能不能实现自动化搜索，结果 HTML、JavaScript 等 Python 以外的术语都出现了，实在搞不懂。

讲师 确实，单凭 Python 知识很难达到目的。

慎吾 原来如此。

千里 哎，怎么办啊。

讲师 鉴于从两位这里听到这样的烦恼，我决定举办一场关于 Web 技术和 Python 组合的讲座。

慎吾 啊，真的吗?

千里 哇，中岛老师，太好了。

讲师 哈哈。那我们赶快开始吧。我们这场讲座的主题是 Web 浏览器的自动化和网络爬虫，它们都是用 Python 来处理网站的技术。

千里 Web 技术? 处理网站?

讲师 Web 技术是指与 Web 相关的各种技术，包括 HTML、CSS、JavaScript、Web 服务器、CGI 等。如果不了解这些技术，就无法在 Python 中使用它们。

慎吾 至于 Web 服务器和浏览器的关系，我还是能够理解的。

讲师 Web 页面的本质是名为 HTML 的数据。为了从 Web 服务器接收此类数据，必须从浏览器通过 HTTP 协议发送"请求"。

千里 您看，我已经感觉云里雾里了。Web 服务器到底是什么?

讲师 是啊，初学者一般不大了解 Web 服务器的结构。接下来我们尝试用 Python 启动 Web 服务器。

千里 啊，用 Python 开发 Web 服务器吗?

讲师 放心吧。Python 已经配备了 Web 服务器的模块，所以不用开发也能启动 Web 服务器。

慎吾 哇，不愧是 Python !

讲师 在用户文件夹中创建一个名为 www 的文件夹,将其作为根目录。如果是 Windows,就在浏览器中右击用户文件夹,从弹出的快捷菜单中选择"新建"→"文件夹",然后将新建文件夹的名称改为 www;如果是 macOS 系统,启动终端,进入 Documents 目录后输入"mkdir www"并按回车键就可以了。

千里 也可以在 Finder 菜单中选择"移动"命令→"文件"命令→"新建文件夹"命令,然后将新建文件夹的名称改为 www。

讲师 在 www 文件夹中保存 index.html 文件。然后启动上次安装的 ATOM 文本编辑器,输入代码并以 UTF-8 编码格式保存(见图 2)。

慎吾 搞定了,我已经将 index.html 文件保存到 www 文件夹中(见图 3)。

```
index.html
<!DOCTYPE html>
<html lang="en">
<head>
  <meta charset="UTF-8">
  <title>第一个Web服务器</title>
</head>
<body>
    欢迎来到Web服务器的世界
</body>
</html>
```

图 2 源代码

千里 我也保存了。

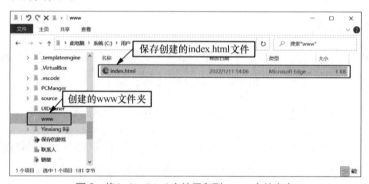

图 3 将 index.html 文件保存到 www 文件夹中

讲师 接下来启动 Web 服务器。如果是 Windows 系统,可以启动命令提示符或 Windows PowerShell(为了配合最新的 Windows 10,建议使用 Windows PowerShell);如果是 macOS 系统,可以使用终端。Web 服务器启动后,使用 cd 命令切换到 www 文件夹,然后输入命令(见图 4)。

千里 在 macOS 系统中需要输入"python3 -m http.server 8000"并按回车键。

讲师 这样就启动 Web 服务器了。打开浏览器,尝试显示刚才创建的 index.html 页面。

输入"python -m http.server 8000"并按回车键

```
C:\Users\Administrator\www>python -m http.server 8000
Serving HTTP on 0.0.0.0 port 8000 (http://0.0.0.0:8000/) ...
```

图4　启动 Web 服务器

慎吾　明白了，在浏览器中打开 index.html 文件。

讲师　啊，等一下。不是直接打开 index.html 文件，而是向 Web 服务器发送请求，将 index.html 文件中的数据发送到浏览器。可在浏览器的地址栏中输入 http://127.0.0.1:8000/index.html 并按回车键，这样就会从浏览器发送请求到 IP 地址为 127.0.0.1 的 Web 服务器。

慎吾　如果是 Windows 系统，将会出现"重要的安全警告"提示框。

讲师　由于这是确认是否允许 Web 服务器接收请求的提示框，因此请单击"允许访问"。

千里　太好了，浏览器中显示了"欢迎来到 Web 服务器的世界"（见图 5）。

讲师　成功了！现在关闭浏览器并退出 Web 服务器吧。为了退出 Web 服务器，请在启动 Web 服务器的界面中按下 Ctrl+C 组合键。若出现最初显示的提示信息，就说明成功退出了 Web 服务器。怎么样？使用 Python 也能轻松启动 Web 服务器吧！

千里　原来 Web 服务器仅用一行代码就能启动。

慎吾　Python 真的太厉害了！

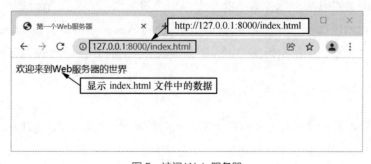

图5　访问 Web 服务器

第2部分

Web服务器与HTML的关系

讲师 接下来，我们谈谈 Web 服务器和 HTML 的关系。本来，如果只是在浏览器中显示 HTML 文件，那么直接打开就可以了，你们知道这种方式与经由 Web 服务器显示 HTML 文件有什么区别吗？

千里 区别是需要登录 http://127.0.0.1:8000/index.html 吗？

讲师 你好聪明啊，参见图 1。

HTTP协议

①从客户端向Web服务器请求Web页面

请求（请返回Web页面B）

Web服务器

用户

互联网

Web 页面A

Web 页面C

Web 页面B

浏览器（客户端）

响应

②响应请求，向客户端发送Web页面

Web 页面B

③响应的Web页面被渲染并显示在浏览器中

图 1　请求和响应

慎吾 浏览器需要向 Web 服务器请求 Web 页面。

讲师 浏览器向 Web 服务器请求 Web 页面称为发送"请求"，Web 服务器对请求做出回应称为"响应"。例如，当浏览器向 Web 服务器请求 index.html 时，需要在地址栏中指定协议、Web 服务器的 IP 地址和端口号、文件路径等。

慎吾 协议是什么？

讲师 协议是指浏览器与 Web 服务器通信时的规则，比如 HTTP（HyperText Transfer Protocol，超文本传输协议）。我们在地址栏中输入的"http"部分就表示协议。

慎吾 我发现还有地址开头是"https"的网站。

讲师 HTTPS（Hypertext Transfer Protocol Secure）协议会在进行 HTTP 通信时进行认证和加密，从而实现安全访问。

讲师 "IP 地址"则是分配给网络中的计算机的号码，"127.0.0.1"部分就是 IP 地址。IP 地址分为在互联网中使用的"全球 IP 地址"与在公司和家庭中使用的"本地 IP 地址"两种。然而，由于 IP 地址是数字序列，因此为了方便记忆，我们通常使用"域名"代替 IP 地址。

千里 像"xx.com"或"xx.org"这样的就是域名。

讲师 域名与全球 IP 地址是一对一的关系，因而可以通过域名系统（Domain Name System，DNS）对网络中的特定 Web 服务器进行服务咨询。

千里 我也喜欢别人用名字叫我，而不是用号码叫我。

讲师 接下来是"端口号"。端口号决定了向计算机中的哪个应用发送请求，通常 Web 服务器使用 80 端口，并且端口号可以省略，不过此次我们指定使用 8000 端口。

千里 明白了。也就是说，用"IP 地址"找到网络中的计算机，用"端口号"指定应用程序，用"index.html"指定文件。

讲师 完全正确。大家可以试着访问自己计算机中的 Web 服务器，自己计算机的 IP 地址很容易确认，可以查一下：在 Windows 上使用 ipconfig 命令，在 macOS 系统中使用 ifconfig 命令。

千里 不知道为什么出现了这么多文字，哪一个是 IP 地址呢？

讲师 慎吾的情况是，写着 IPv4 地址的"192.168.0.8"为本地 IP 地址；千里的情况是，en0 中的 inet "192.168.0.4"为本地 IP 地址。

慎吾 这就是分配给计算机的 IP 地址吗？

讲师 是的，这个 IP 地址是由房间里的 Wi-Fi 路由器分配的。因此，如果将计算机连接到另一个网络，计算机就会被分配不同的 IP 地址。

千里 但是，为什么输入的 IP 地址是"127.0.0.1"呢？

讲师 127.0.0.1 是表示计算机本身的特殊 IP 地址，又称为"本地环回地址"。因此，也可以将"127.0.0.1"部分改写成自己计算机的 IP 地址。

慎吾 那我试试看哈。

讲师 请稍等一下。

慎吾 为什么？

讲师 如果想尝试本地 IP 地址，就请改
用彼此的 IP 地址吧，因为这样可
以访问各个 Web 服务器。首先，
请将 index.html 改写成显示自己的
名字（见图 2）。修改并保存后，启动 Web 服务器。

千里的index.html文件

```html
<!DOCTYPE html>
<html lang="en">
    <head>
        <meta charset="UTF-8">
        <title>第一个Web服务器</title>
    </head>
    <body>
        欢迎来到田中千里的Web服务器
    </body>
</html>
```

图 2　源代码

千里 输入"python3 -m http.server 8000"并按回车键，其中的 8000 就是端口号吧？

讲师 是的。请打开浏览器并访问"http:// 对方的 IP 地址:8000/index.html"。

慎吾 太棒了，我可以访问千里的 Web 服务器了（见图 3）!

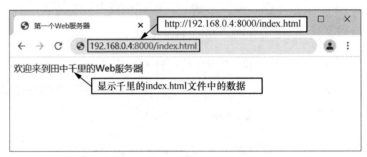

图 3　访问千里的 Web 服务器

千里 耶! 浏览器中显示了我的名字。

慎吾 我终于明白了 Web 服务器和 HTML 文件的关系，原来如此。

讲师 这样的话，对于根据浏览器的请求从 Web 服务器发送 index.html 文件中的
数据，大家应该就可以理解了。

千里 这是我第一次直接编辑 HTML 文件。

讲师 HTML 文件具有固定的语法。接下来，我们了解一下 HTML。

第3部分
HTML基础

第1天

慎吾 终于等到谈论 HTML 这个话题。

讲师 若打开 index.html 文件，首先出现的就是 <!DOCTYPE html>，这是"DOCTYPE 宣言"，表示之后的文档是用 HTML5 制作的。

慎吾 HTML 的版本号中除 5 以外，还有 4 和 3 吗?

讲师 有。例如，在 HTML 4.01 版本中，"DOCTYPE 宣言"如下: <!DOCTYPE HTML PUBLIC "-//W3C//DTD HTML 4.01//EN" "http://www.w3.org/TR/html4/strict.dtd">。

讲师 实际上，HTML 4.01 版本中还有其他样式的"DOCTYPE 宣言"，它们很难理解，HTML5 为此统一了写法。

千里 简单最好。

讲师 接下来的 <html lang="zn"> ~ </html> 是 html 元素。html 元素表示内容是 HTML 文档。

慎吾 元素是什么?

讲师 HTML 使用以"<"开始、">"结束的"标签"表达文本的含义。标签的结构如图 1 所示。

讲师 开始标签和结束标签之间的内容称为"元素"，"<html> ~ </html>"就是 html 元素，而 <html> 和 </html> 之间的文本部分则称为"html 元素的内容"。

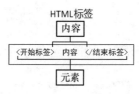

图1 标签的结构

千里 查看 index.html 后，我发现连标签的内容也有标签的感觉。

讲师 是的，这样形成了 HTML 标签的层次结构。

慎吾 lang="zn" 是什么？

讲师 这部分称为"属性"，属性可以使用图 2 所示的语法进行描述。

图 2　HTML 属性的描述语法

讲师 属性名和属性值是用半角的"="（等号）进行连接的，属性值则用双引号或单引号括起来。在 HMTL 元素包含多个属性的情况下，在输出一组属性名和属性值之后，需要输入一个或多个半角形式的空格，之后再输入下一组属性名和属性值。例如，lang 属性表示"语言"，属性值"zh"表示"中文"。此外，lang 属性也可以指定为"en"（英语）、"jp"（日文）、"ko"（韩文）等。

千里 这个 HTML 文档是用中文编写的。

讲师 html 元素中又包含 head 元素和 body 元素，这是 HTML5 文档中必备的两个元素。

慎吾 顾名思义，head 元素表示文档的"头部"，body 元素表示文档的"正文"。

讲师 是的。然后 head 元素中又包含 meta 元素和 title 元素。

慎吾 meta 元素没有结束标签。

讲师 这种只有开始标签的元素称为"空元素"，空元素没有内容。meta 元素的作用是向 HTML 文档中添加信息。例如，meta 元素中的 charset（字符集）属性表示的是页面的字符编码。可以使用的字符编码除"UTF-8"以外，还有"Shift_JIS"等，但 HTML5 文档中的字符编码推荐使用"UTF-8"，所以统一使用"UTF-8"比较好。

千里 title 元素是用来做什么的？

讲师 当需要为 HTML 文档添加标题时，可以使用 title 元素。通常情况下，title 元素的内容会显示在浏览器的标题栏中。相对地，body 元素的内容则会显示在浏览器的显示区域内。

千里 只要稍微了解一下 HTML 就能明白，我们可以使用"标签"来区分发送到浏览器的数据的类型。但是，HTML 元素又有多少种呢？

讲师 现在有 108 种左右。

慎吾 现在？还没有最终确定吗？

讲师 HTML 规范是由 World Wide Web Consortium（万维网联盟，又称 W3C 组织）制定的。由于 HTML 5.1 中删除或添加了一些元素，因此根据 HTML 版本的不同，元素的数量也会有所增减。

千里 那么对于不同的浏览器，也有不能使用的 HTML 元素吗？

讲师 有。为此，Firefox 浏览器的开发商 Mozilla Foundation 在 Mozilla Developer Network 网站上提供了可在各种操作系统和浏览器组合下测试 Web 页面的环境（见图 3）。

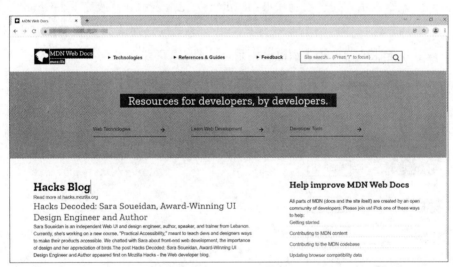

图 3　Mozilla Developer Network 网站

讲师 下面介绍 body 元素中常用来制作标题和列表的子元素，请按照图 4 那样改写 index.html 文件。

图4 改写 index.html 文件

讲师 h1、h2 和 h3 元素表示标题，直到 h6 元素。其中，h1 元素表示的标题级别最高，h6 元素表示的标题级别最低。无序的列表用 ul（unordered list）元素表示，列表项则用 li（list item）元素表示。修改完 index.html 文件之后，保存并在浏览器中打开。由于这里只是确认如何显示，因此不通过 Web 服务器直接显示也没关系（见图5）。

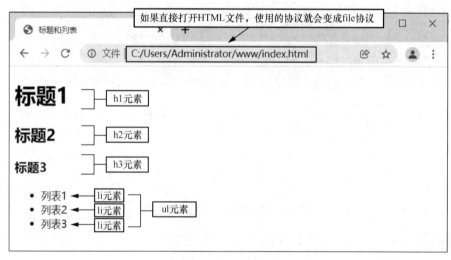

图5 标题和列表

千里 标签不同，显示的内容也不同。

讲师 ul 元素不需要考虑顺序，但是 ol（ordered list）元素需要考虑。将 ul 元素改写为 ol 元素（见图 6 和图 7）。

千里 列表项有了编号。

讲师 需要重点说明的是，HTML 元素只是显示文档的"内容"，至于如何显示，则是由浏览器自己决定的。

慎吾 那么 Web 页面的外观会不会因为浏览器的不同而不同呢？

图 6　源代码

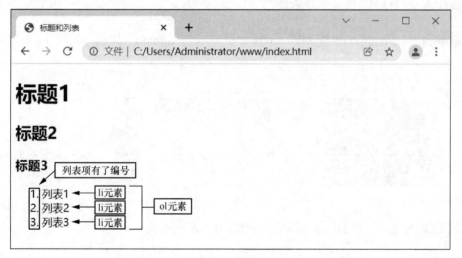

图 7　有序列表

讲师 会的。于是就有了 CSS（Cascading Style Sheets，层叠样式表）技术，这项技术我明天再讲。

千里 啊，要记住的东西好像有很多啊。

讲师 我们休息一下吧。

第4部分

<table>标签

讲师 最后，我们介绍一下进行网页爬取时非常重要的 table 元素以及用来嵌入链接的 a 元素。

慎吾 table 是指餐桌之类的桌子吗？

讲师 table 还有"表"的意思。但在计算机的世界里，"表"指的是像 Excel 工作表那样的表格。

千里 用 HTML 也能制作表格吗？

讲师 当然能。表格由"行"（row）和"列"（column）构成（见图 1）。

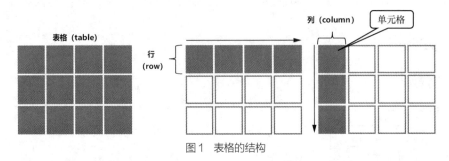

图 1 表格的结构

慎吾 和 Excel 类似，表格中的方格称为"单元格"。

讲师 在 HTML 中，表格用 table 元素表示，行用 tr 元素表示，列用 td 元素表示。下面我们通过重写 index.html 来制作一个简单的表格（见图 2 和图 3）。

慎吾 table 元素中包含 tr 元素，tr 元素中包含 th 元素和 td 元素。

讲师 当需要以表格的单元格作为标题时，可以使用 th 元素；但在显示数据而非标题的情况下，可以使用 td 元素。

千里 为什么 table 元素如此重要呢？

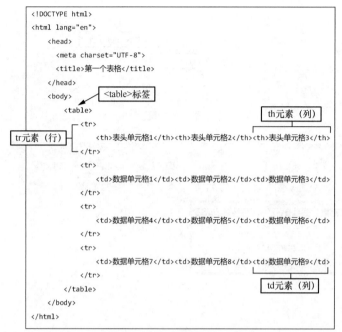

图 2　源代码

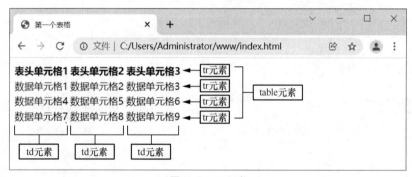

图 3　table 元素

讲师 table 元素可以用来整齐地排列文档。在进行网页爬取时，很多时候我们想要的信息都会被嵌入表格的单元格中。

千里 但是，我们的表格还没有任何边框，当需要画线的时候，该怎么办呢？

讲师 像边框这样的效果，可以使用明天将要介绍的 CSS 实现。当然，通过设置 table 元素的 border 属性也可以显示边框。但是作为属性值，我们需要以像素为单位指定线条的粗细。当把 border 属性的值指定为 2 以上时，边框内侧的线不会变粗到 2 像素以上，只是边框外侧的线变粗了（见图 4 和图 5）。

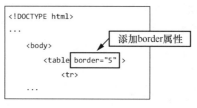

图4 源代码

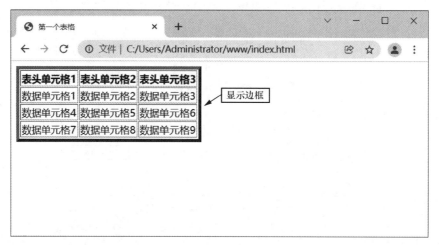

图5 设置 table 元素的 border 属性

慎吾 果然，画上线之后一下子就变得像表格了。

讲师 但是，现在的 Web 页面强烈不推荐使用随外观变化的属性。说到底，此处只是为了测试 table 元素。

千里 是的，我知道，外观是使用 CSS 来控制的。

讲师 最后介绍一下 a 元素。a 元素是"锚"标签，用来显示页面链接，以便访问者切换到其他页面，这种结构称为"超链接"。当指定

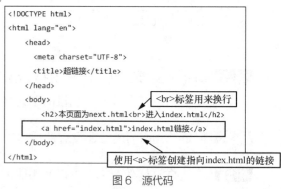

图6 源代码

转换页时，需要将文件路径和 URL 指定为 href 属性的值。下面制作 next. html，这里使用 a 元素创建指向 index.html 的链接（见图 6）。

千里 真简单。

讲师 更改 index.html，创建指向 next. html 的链接（见图 7）。

讲师 保存好所做的修改后，在浏览器中打开 index.html，单击指向 next.html 的链接（见图 8）。

慎吾 浏览器真的切换到 next.html 了。

```
<!DOCTYPE html>
<html lang="en">
    <head>
        <meta charset="UTF-8">
        <title>超链接</title>
    </head>
    <body>
        <h2>本页面为index.html<br>进入next.html</h2>
        <a href="next.html">next.html链接</a>
    </body>
</html>
```
使用<a>标签创建指向next.html的链接

图 7　源代码

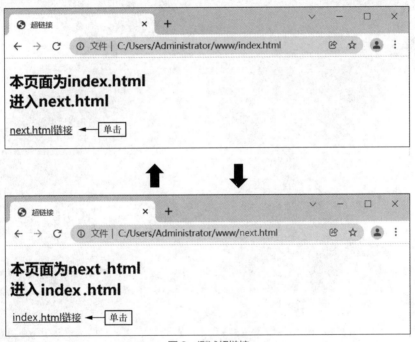

图 8　测试超链接

讲师 单击"index.html 链接"后，浏览器会切换到 index.html。

千里 在 HTML 中，指向其他页面的链接是用 a 元素制作的。在这方面，HTML 要比 Python 简单。

讲师 HTML 中有很多元素和属性，但是标签本身却很简单，只要试一下便能知道具体用法。关于 HTML 基本内容的学习就到此为止，明天我们将学习 CSS 和 JavaScript。

第 2 天

CSS 和 JavaScript

CSS是什么

讲师 今天，我们从 CSS（层叠样式表）说起。

千里 啊，我不太懂 CSS。

讲师 CSS 是指示 Web 页面如何"设计"的样式。CSS 的历史相比 HTML 要短，它是从 2011 年 W3C 推荐的 CSS2.1 开始正式使用的。在此之前，页面文档的外观和设计是用 HTML 标签来指定的。

慎吾 为什么要逐渐开始使用 CSS 呢？

讲师 随着互联网的普及，很多网站开始逐渐使用 CSS，当然设计人员也会考虑借鉴过去的网站设计经验。但是，如果使用标签的属性设计网页，文档和设计就会紧密耦合在一起，因而同样的设计很难用在其他网页上。为了实现内容和设计的分离，逐渐形成了"用 HTML 定义文档内容"，而"用 CSS 定义设计"（见图 1）。

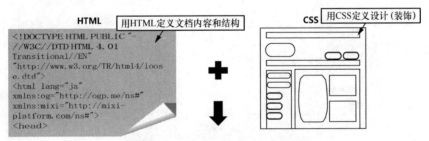

图 1　HTML 和 CSS 的关系

千里 咦！这个故事好像在哪里听说过。

慎吾 这与面向对象中出现的"操作和数据的联系如果过于紧密就很难再次利用"的说法相似。

讲师 思想是一样的。在编程世界里，只要有创建一次并能正常运行的东西，就会尽可能想办法加以复用。相反，如果进行变更或重新创建，就存在引入新漏洞的可能性。

千里 是啊。设计上虽然相似，但如果要逐一重新检查属性，确实会很麻烦。

讲师 正因为如此，在 HTML5 中，为了更加明确文档内容和设计的分离，CSS 成为必要的技术。下面我们来看一下 CSS 的简单应用。在 index.html 中，可以使用 CSS 将 <h2> ～ </h2> 部分指定为红色（见图 2）。

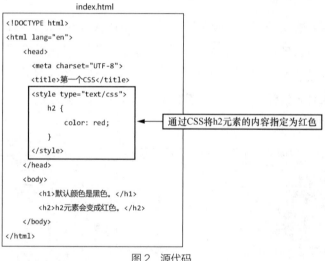

图2 源代码

慎吾 里面的 style 元素就是 CSS 吗？

讲师 CSS 有三种指定方法，一种是读取描述 CSS 的文件，另一种是指定 style 元素，还有一种是使用标签的 style 属性。在 index.html 中，我们使用了 style 元素来指定 CSS。CSS 部分可通过图 3 所示的语法来描述。

指定修饰哪个标签

选择器 ｛属性：值；｝

修饰的内容　　设定的值

图3　CSS 语法

讲师 选择器用于指定改变页面哪部分的设计，我们在前面的代码中指定了 <h2> 标签（见图 2）。

千里 原来如此，也就是用选择器指定想要修改 <h2> 标签，用属性指定想要修改颜色，用值指定具体修改成何种颜色。

讲师 在浏览器中打开 index.html。这一次也不经过 Web 服务器，而是直接使用浏览器打开（见图 4）。

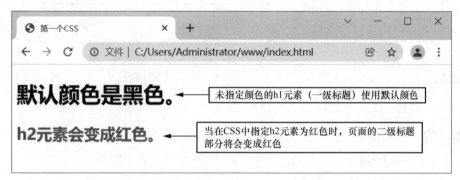

图 4　CSS 的应用效果

慎吾 只有 h2 元素变成红色了。

讲师 就像这样，可以在 CSS 中指定属性和属性值的集合。另外，使用分号"；"可以设置多个属性。例如，如果要添加将文字的背景色改为黄色的声明，就需要设置 background-color 属性（见图 5）。但是，如果只有一组属性和属性值，那么声明末尾的分号"；"可以省略。

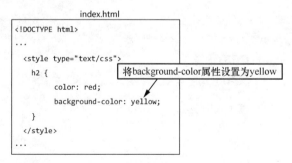

图 5　源代码

千里 属性和属性值总是成对出现的。

讲师 看一下效果（见图6）。

图6　将背景变成黄色

慎吾 原来如此，真是太简单了。这样的话，只要知道可以指定的属性和属性值，就可以马上开始进行页面的设计了。

讲师 可以使用 CSS 指定属性和属性值的集合，大家可通过单击 Mozilla Developer Network 网站上的 CSS 链接查看详情（见图7）。

千里 额，内容比 HTML 要多吧？

慎吾 的确，CSS 好像很深奥啊。

讲师 这些没必要全部记住，根据需要边查边用就可以了。

图7　Mozilla Developer Network 网站上的 "CSS 参考"

第2部分
CSS选择器

讲师 今天我将详细地讲解 CSS 选择器。

慎吾 选择器是用来决定"设计哪个元素的内容"的吧？

讲师 是的。但是，元素的指定方法有好几种。在 Python 网络爬虫中，由于也可以使用 CSS 方式来指定想要提取的元素，因此了解各种选择器的使用方法对于页面爬取是很有帮助的。

千里 慎吾，这个我们一定要知道。

讲师 首先，最简单的方法是直接指定装饰元素。如果想要以同样的风格装饰多个元素，那么可以用逗号分隔符来指定它们（见图 1）。

慎吾 h1 和 h3 元素会使用同样的风格吗？

讲师 会的。我们来确认一下（见图 2）。

千里 这样就不用写好几个相同的样式表了。

讲师 接下来是"子选择器"。可以像"父元素 > 子元素"那样指定，但只有被指定的父元素的子元素才会被装饰（见图 3 和图 4）。

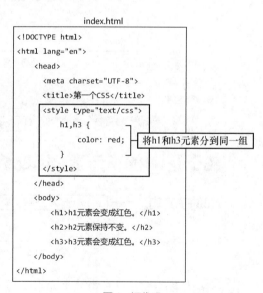

```
index.html

<!DOCTYPE html>
<html lang="en">
    <head>
        <meta charset="UTF-8">
        <title>第一个CSS</title>
        <style type="text/css">
            h1,h3 {
                color: red;          将h1和h3元素分到同一组
            }
        </style>
    </head>
    <body>
        <h1>h1元素会变成红色。</h1>
        <h2>h2元素保持不变。</h2>
        <h3>h3元素会变成红色。</h3>
    </body>
</html>
```

图 1　源代码

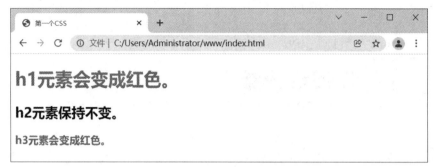

图2　选择器的分组

index.html

```
<!DOCTYPE html>
<html lang="en">
    <head>
        <meta charset="UTF-8">
        <title>第一个CSS</title>
        <style type="text/css">
            h1 > p {
                color: red;
            }
        </style>
    </head>
    <body>
        <h1><p>由于是h1的子元素，因此会变红。</p></h1>
        <h2><p>h2的子元素。</p></h2>
    </body>
</html>
```

仅当p元素是h1元素的子元素时才对p元素进行装饰

图3　源代码

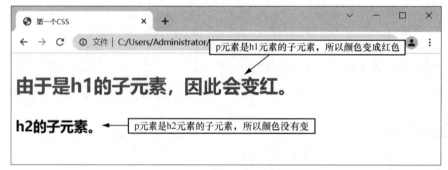

p元素是h1元素的子元素，所以颜色变成红色

p元素是h2元素的子元素，所以颜色没有变

图4　子选择器

慎吾 太有趣了。只有当某个元素是另一个元素的内容时这才适用。

讲师 像这样指定元素中子元素的方法，既有仅适用于兄弟关系元素的"通用兄弟选择器"，也有仅适用于直接相邻的兄弟关系元素的"相邻兄弟选择器"。

千里 选择器是用来设计元素家族的。

讲师 但是，在爬取数据的过程中，我们很少使用这些兄弟选择器来提取元素，而是经常使用“类选择器”和“ID 选择器”，它们分别适用于具有 class 属性和 id 属性的元素（见图 5 和图 6）。

index.html

```
<!DOCTYPE html>
<html lang="en">
    <head>
      <meta charset="UTF-8">
      <title>第一个CSS</title>
      <style type="text/css">
          h2.myclass {
              color: red;
          }
      </style>
    </head>
    <body>
        <h2 class="myclass">class属性值为"myclass"的h2元素会变红。</h2>
        <h2 class="youclass">class属性值为"youclass"的h2元素。</h2>
    </body>
</html>
```

只装饰class属性值为myclass的h2元素

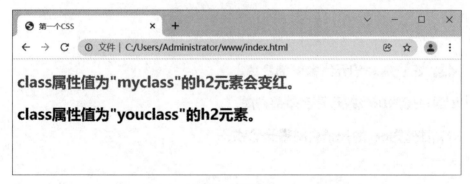

图 5　源代码

图 6　类选择器

慎吾 原来如此。可以用 class 属性指定想要装饰的标签，这样即使标签相同，也能细分出想要装饰的标签和不想装饰的标签。

讲师 如果要装饰与标签类型无关，但具有相同 class 属性值的所有标签，则需要将元素部分设置为“*”。此外，可以使用 ID 选择器指定和装饰特定的位置（见图 7 和图 8）。

index.html

```
<!DOCTYPE html>
<html lang="en">
    <head>
        <meta charset="UTF-8">
        <title>第一个CSS</title>
        <style type="text/css">
            #aaa {
                color: red;
            }
            #bbb {
                font-style: italic;          只装饰id属性一致的元素
            }
            #ccc {
                text-decoration: line-through;
            }
        </style>
    </head>
    <body>
        <h2 id="aaa">id属性值为aaa的元素会变成红色。</h2>
        <h2 id="bbb">id属性值为bbb的元素字体是斜体。</h2>
        <h2 id="ccc">id属性值为ccc的元素会附带删除线。</h2>
    </body>
</html>
```

图7 源代码

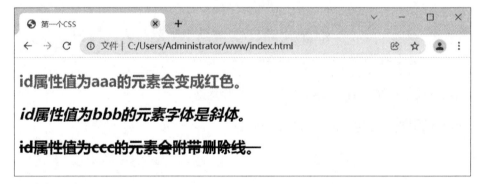

图8 ID选择器

千里 好厉害，还能详细指定呢。

讲师 像 class 属性和 id 属性那样指定属性的选择器称为"属性选择器"。至此，选择器的话题暂时告一段落。接下来，我讲讲 JavaScript。

第3部分

JavaScript是什么

讲师 两位知道有一种编程语言叫 JavaScript 吗？

千里 虽然听说过，但是不太清楚。

慎吾 我也大致了解过，似乎是一种用来为 Web 页面增添动作的语言。

讲师 是的。JavaScript 原本是 Netscape 公司创建的一种运行于 Netscape 浏览器中的语言，最初名为 LiveScript。但是在 1995 年，Netscape 公司在与创建 Java 语言的 Sun 公司合作后，便将 LiveScript 改名为 JavaScript。

慎吾 刚开始本没有 JavaScript。

讲师 因此，JavaScript 与 Java 没有任何关系，并且面向对象的思维方式也不同。

千里 JavaScript 和 Python 比较像吗？

讲师 是的。JavaScript 也将函数作为对象来处理，因此它们有很多相似的地方。但是，JavaScript 只能在浏览器中运行，在这一点上 JavaScript 与 Python 有很大的不同。

慎吾 在浏览器中运行？

讲师 是的。下面我们使用 JavaScript 编写一个显示文字的程序，并查看它的运行情况。将一些代码输入 index.html 并保存（见图 1）。如果可以，请在浏览器中打开 index.html（见图 2）。

千里 <script> 标签的内容显示出来了，这一点很可疑啊。

讲师 代码中 <script> 标签包围的部分就是 JavaScript 脚本。就像这样，在 HTML 中能够直接编写脚本是 JavaScript 的典型特征之一。

```
index.html

<!DOCTYPE html>
<html lang="en">
    <head>
        <meta charset="UTF-8">
        <title>第一个JavaScript</title>
    </head>
    <body>
        <script>
            document.write("Hello JavaScript!<br>");    ← JavaScript代码
        </script>
    </body>
</html>
```

图1　源代码

第一个JavaScript
← → C ① 文件 | C:/Users/Administrator/www/index.html

Hello JavaScript!

图2　页面效果

千里 document 是对象名吧？也就是说，write 是方法名。作用好像是接收字符串参数并输出 HTML 文档，语法和 Python 差不多。

讲师 document 对象用来将 HTML 元素对象化。这种将 HTML 元素作为对象进行访问的结构称为 DOM（Document Object Model，文档对象模型）。

讲师 变量通常在用 var 关键字声明后使用，不过变量即使不声明也可以使用。但如果不声明，变量就会变成全局可访问的（见图 3）。

慎吾 如果不声明，变量就会变成全局可访问的，但作用域不是越大越好吗?

讲师 作用域大的变量，即使有时使用不当，也很难发现。因此，变量先声明后使用比较安全。变量名中可以包含半角形式的英文字母、数字以及"_"（下画线）

```
index.html

<!DOCTYPE html>
...
    <script>
        var a;        ← 声明变量
        a = 3;
        var b = 4;    ← 变量也可以在声明的同时进行初始化
        document.write("3 + 4 = ", a + b);
    </script>
```

图3　源代码

和"$"（美元符号），但"num_1"和"$name"这样的变量名也是有效的。和Python一样，在JavaScript中也不能声明以数字开头的变量名。另外，JavaScript中的关键字（保留字）不能用作变量名。JavaScript中的关键字详见图4。

慎吾 JavaScript中的关键字挺多的。但是，这里也有很多与Python中相似的关键字。

```
break、case、catch、continue、default、do、double、else、
false、finally、for、function、if、in、instanceof、new、
null、return、switch、this、throw、true、try、var、void、
while、with
```

图4　JavaScript中的关键字

讲师 JavaScript中的运算符与Python中的几乎相同。算术运算符（见图5）、将右侧的值赋给左侧变量的"="运算符（赋值运算符）以及"+="等复合赋值运算符（见图6）也基本与Python中的相同。

运算符	含义	示例
+	加法	a + b
−	减法	a − b
*	乘法	a * b
/	除法	a / b
%	取模	a % b

图5　JavaScript中的算术运算符

运算符	含义	示例	说明
=	赋值	a = b	将等号右侧的值赋给左侧的变量
+=	加法赋值	a += b	与 a = (a + b) 等价
−=	减法赋值	a −= b	与 a = (a − b) 等价
*=	乘法赋值	a *= b	与 a = (a * b) 等价
/=	除法赋值	a /= b	与 a = (a / b) 等价
%=	取模赋值	a %= b	与 a = (a % b) 等价

图6　JavaScript中的赋值运算符

千里 Python中没有"**"和"//"运算符。

讲师 在JavaScript中，求幂使用的是Math对象的pow函数。另外，Math对象也有专用于舍弃小数点以后部分的函数。

慎吾 也就是说，用Python能做的运算，用JavaScript也都能做。

讲师 是的。JavaScript 中的比较运算符和逻辑运算符参见图 7。

JavaScript 中的比较运算符			
运算符	含义	示例	说明
<	小于	a < b	a 小于 b 为真，a 大于或等于 b 为假
<=	小于或等于	a <= b	a 小于或等于 b 为真，a 大于 b 为假
>	大于	a > b	a 大于 b 为真，a 小于或等于 b 为假
>=	大于或等于	a >= b	a 大于或等于 b 为真，a 小于 b 为假
==	等于	a == b	a 和 b 相等为真，不相等为假
!=	不等于	a != b	a 和 b 不相等为真，相等为假

JavaScript 中的逻辑运算符			
运算符	含义	示例	说明
!	逻辑 NOT	!a	如果 a 为 true，则返回 false，否则返回 true
&&	逻辑 AND	a && b	如果 a 为 false，返回 a，否则返回 b
||	逻辑 OR	a || b	如果 a 为 true，返回 a，否则返回 b

图 7 JavaScript 中的比较运算符和逻辑运算符

讲师 在 JavaScript 中，分支的语法和思想与 Python 中是一样的，但代码块不是用缩进而是用大括号来指定。因此，代码是否存在缩进除影响阅读以外，其他与程序无关（见图 8）。

千里 缩进没有意义，这听起来有点新鲜啊。

讲师 if 语句中还有 else if 这种语法，从而实现了当多个条件表达式为 false 时按顺序进行判断（见图 9）。

慎吾 这种语法与 Python 中的 elif 语法相同。

```
if (条件表达式) {
    语句1;
    语句2;
     .
     .
     .
}
```

```
if (条件表达式) {
    条件表达式为true时执行的代码块
}
else {
    条件表达式为false时执行的代码块
}
```

图 8 JavaScript 中的 if 语句（一）

```
if (条件表达式1) {
    条件表达式1为true时执行的代码块
    如果执行了该分支，则不再进入后续分支，而是跳转到写有"下一条语句"的地方
}
else if (条件表达式2) {
    条件表达式2为true时执行的代码块
    如果执行了该分支，则不再进入后续分支，而是跳转到写有"下一条语句"的地方
}
else if (条件表达式3) {
    条件表达式3为true时执行的代码块
    如果执行了该分支，则不再进入后续分支，而是跳转到写有"下一条语句"的地方
}
else {
    上述所有条件表达式都为false时执行的代码块
}
下一条语句
```

图 9　JavaScript 中的 if 语句（二）

讲师 到目前为止，讲到的 JavaScript 语法与 Python 几乎没有区别，但是 JavaScript 中 for 语句的语法与 Python 略有不同（见图 10）。

讲师 JavaScript 中的 for 语句包含"初始化处理""条件表达式""代码块""增减处理"4 部分。首先是"初始化处理"部分，这部分用于进行变量的初始化。接下来是"条件表达式"部分，这部分用于进行条件的判断，如果条件表达式为 true，则进入"代码块"部分。"代码块"中的代码全部执行完之后，进入"增减处理"部分，这部分用于对变量的值进行增减。最后，再次进入"条件表达式"部分，如果条件表达式仍为 true，则再次进入"代码块"部分；如果条件表达式为 false，则退出循环。就这样不断反复进行下去。

千里 感觉使 while 语句变得方便了。

```
for ((1)初始化处理; (2)条件表达式; (4)增减处理) {
    (3)代码块
}
```

图 10　JavaScript 中的 for 语句

讲师 因此，即使不用 for 语句，也可以用 while 语句代替。JavaScript 还提供了增大变量的"++"运算符（递增运算符）和减小变量的"--"运算符（递减运算符）。例如，使用"r++"可以得到与"r=r+1"相同的结果。只要巧妙地运用这些运算符，就能简捷地描述循环。

千里 明白了。其实也没有那么难。这样的话，我马上就能读懂代码了。

讲师 果然，在掌握一门编程语言后，这些知识很容易理解。接下来我讲讲"函数和事件"。

第4部分
函数和事件

讲师 和 Python 一样，使用 JavaScript 也可以创建原创函数。但是，定义函数时使用的关键字不是 def，而是 function（见图 1），除此之外，参数的使用方法、return 语句的写法等则与 Python 相同。举个例子，可以使用图 2 所示的代码创建 add 函数并求出参数的和。

千里 函数中的代码块也不进行缩进，而是使用大括号。

```
function 函数名 (参数列表) {
    语句;
    .
    .
    .
    return 返回值;
}
```

图1 JavaScript 函数

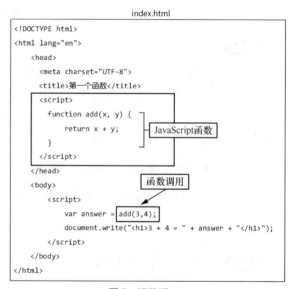

图2 源代码

讲师 我们来实践一下（见图 3）。

图3 函数的调用结果

讲师 接下来，我们看看 JavaScript 中的数组。Python 使用 list 对象实现了列表，而 JavaScript 则使用 Array 对象来实现数组。举个例子，我们可以使用图 4 所示的代码创建一个名为 seasons 的数组，并将其中的元素初始化为 "spring" "summer" "autumn" "winter"。

慎吾 必须用 new 来生成数组，这很麻烦。

讲师 如果要在生成数组的同时对其进行初始化，可以使用类似于 Python 中 list 对象的 "数组列表"（见图 5）。

```
var seasons = new Array(4);

seasons[0] = "spring";
seasons[1] = "summer";
seasons[2] = "autumn";
seasons[3] = "winter";
```

图 4　数组的创建和初始化（一）

```
var seasons = ["spring", "summer", "autumn", "winter"];
```

图 5　数组的创建和初始化（二）

千里 我更喜欢这种写法！

讲师 除数组之外，还可以像 Python 中的 dict 对象那样使用关联数组，大家可以先了解一下。

慎吾 明白了。

讲师 最后，我们来了解一下事件。

千里 "鱼篮坂 256" 每周日都有活动。

讲师 "活动" 本来就有 "事件" 的意思。

慎吾 JavaScript 会发生什么呢?

讲师 对象会发生 "单击" "输入完成" 等事件。例如，当浏览器读取 HTML 数据时，document 对象就会发生 onLoad 事件。

千里 onLoad 事件发生后又会怎样呢（期待中）?

讲师 什么也没发生。

千里 哦。

讲师 但是，可以事件为契机调用函数。请在 index.html 中输入图 6 所示的代码。

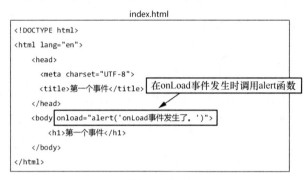

图6 源代码

讲师 就像这样，可在 onLoad 事件中启动处理。在这里，指定了 onload 属性的是 <body> 标签。请试着在浏览器中显示 index.html（见图 7）。

图7 当 onLoad 事件发生时出现警告

千里 出现警告。

讲师 alert 函数是以 onLoad 事件为契机被调用的。我们也可以创建并调用原创函数（见图 8 和图 9）。

index.html

```
<!DOCTYPE html>
<html lang="en">
    <head>
        <meta charset="UTF-8">
        <title>第一个事件</title>
        <script>
            function test() {
                alert('test函数在onLoad事件中被调用了。');
            }
        </script>
    </head>
    <body onload="test()">
        <h1>第一个事件</h1>
    </body>
</html>
```

原创函数

通过onLoad事件调用函数

图 8　源代码

通过onLoad事件调用
alert函数

单击"确定"按钮

第一个事件

图 9　通过 onLoad 事件调用函数的效果

慎吾 但什么时候使用 onLoad 事件呢？

讲师 onLoad 事件发生在读取并显示 HTML 数据之前。因此，可以将初始化处理等写在函数中。

慎吾 原来如此。使用 onLoad 事件进行初始化，并在显示页面时进行初始化处理。

讲师 鼠标操作和按键输入等也会发生事件。关于按钮上发生的事件，我们明天再讲。今天到此为止，大家辛苦了。

第 3 天

表单和
正则表达式

第3天

第1部分
表单

讲师 今天，我们从 HTML 表单这个话题开始。

千里 啊，又是 HTML 中的话题？

讲师 表单对于理解 Web 技术非常重要，请允许我再稍微讲一下 HTML 方面的知识。

慎吾 千里，不要任性。

千里 嗯，好的。

讲师 Web 页面中经常出现登录、会员注册、问卷调查等用户可以输入的界面，这种界面在 HTML 中称为"表单界面"。表单界面可以显示用于输入文本的文本字段和文本区域，以及用于做出选择的单选按钮、复选框、下拉列表框等表单控件（见图 1）。

慎吾 表单界面？我还是第一次听说。

讲师 大家可以试着创建简单的表单界面。请在浏览器中显示 login.html，其中的源代码如图 2 所示，页面效果如图 3 所示。

千里 虽然有输入邮箱地址和密码的选项，不过现在即使单击"登录"按钮，也只会显示错误界面。

讲师 这是因为还没有准备好 Web 服务器端的程序，所以单击"登录"按钮会出错。

千里 怎么回事？

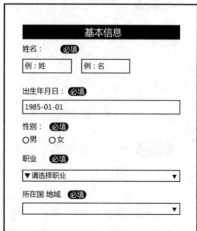

图 1 表单界面

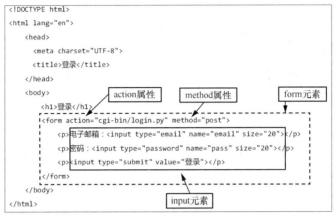

图2 源代码

图3 页面效果

讲师 下面我将按顺序进行解释。在使用 HTML 制作表单界面时，需要使用 <form> 标签。在 <form> 标签中，可以像 <input> 标签这样将表单控件使用的标签作为子元素进行配置。

千里 form 元素有点像汇总了 input 元素的感觉。form 元素中的 action 属性和 method 属性是什么？

讲师 action 属性用来指定根据请求想要启动的程序，你在表单界面中输入的数据将经由 Web 服务器传递给该程序。

慎吾 也就是说，输入的邮箱地址和密码会被传递给"cgi-bin/login.py"吗？

讲师 是的。然后，method 属性用来指定 HTTP 协议的发送方式。

千里 HTTP 协议就是请求和响应。

讲师 HTTP"请求"有好几种，具体由"通信方法"决定。

慎吾 也就是说，请求的类型是"POST"吗？

讲师 这只是其中一种，还有一种是"GET"请求。

千里 它们有什么不同呢？

讲师 在浏览器的地址栏中输入 URL 并顺利打开页面后，浏览器会使用 GET 方式发送请求，单击网页链接的情况也一样。

慎吾 通常情况下，发出的是"GET"请求，但从表单发出的是"POST"请求吗？

讲师 从表单发出请求时，也可以选择"GET"方式。大家暂且记住：这样做没有问题。

千里 奇怪，好像还有隐情呢。

讲师 真聪明，POST 和 GET 的区别稍后再讲。我们回到表单这个话题。form 元素可以将 input 元素作为子元素，通过指定 input 元素的 type 属性值，便可以切换到各种各样的表单控件。此外，name 属性是在 <input> 标签中指定的名称，size 属性用来指定表单控件的大小。图 4 显示了我们经常使用的 type 属性值。

属性值	控件类型	说明
hidden	不显示	不希望显示的隐藏数据
text	一行文本	一行文本字段
email	邮箱地址	邮箱地址输入框
password	密码	密码输入框
checkbox	复选框	支持多重选择
radio	单选按钮	只能单选
file	文件	向服务器发送文件
submit	提交	提交按钮，用于将请求发送到服务器
button	按钮	普通按钮

图 4　常用的 type 属性值

慎吾 login.html 中使用了提交按钮，那么提交按钮和普通按钮有什么区别？

讲师 提交按钮用于向 Web 服务器发送请求。若单击提交按钮，表单内容将作为请求信息被发送给 form 元素的 action 属性值指定的程序。但是，如果指定的文件夹中没有准备程序，那么请求就会出错。

千里 所以单击提交按钮会出错。

讲师 下面我们来看看包含单选按钮和复选框的 radiocheck.html（见图 5 和图 6）。

```html
<!DOCTYPE html>
<html lang="en">
  <head>
    <meta charset="UTF-8">
    <title>单选按钮和复选框</title>
  </head>
  <body>
    <h1>单选按钮和复选框</h1>
    <form action="cgi-bin/login.py" method="post">
      <table>
        <tr>
          <td>单选按钮1: <input type="radio" name="radio1" checked></td>
          <td>单选按钮2: <input type="radio" name="radio1" ></td>
        </tr>
        <tr>
          <td>复选框1: <input type="checkbox" name="check1"></td>
          <td>复选框2: <input type="checkbox" name="check2"></td>
        </tr>
      </table>
      <p><input type="submit" value="发送"></p>
    </form>
  </body>
</html>
```

将拥有相同name属性值的单选按钮分到同一组

需要为复选框单独设置name属性

图 5 源代码

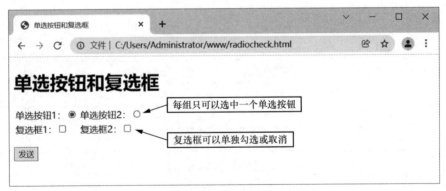

图 6 单选按钮和复选框

讲师 单选按钮适用于从一组选项中选择一项的情况，同一组单选按钮拥有相同的 name 属性值。

慎吾 原来如此，也可以通过变更 name 属性值来创建不同的单选按钮组。

讲师 如果想要预先选中某个单选按钮，可以为这个单选按钮添加 checked 属性。

千里 checked 属性？

讲师 在 HTML5 中，在属性名和属性值相同的情况下，只写属性值就可以了，属性名可以省略。

千里 呵呵。

讲师 复选框和单选按钮一样，也是用于做出选择的表单控件，但复选框不是分组使用的，而是单独使用。

千里 这么说来，input 元素的 type 属性值中没有用来显示下拉列表和输入多行文本的。

讲师 下拉列表或菜单使用的是 select 元素。另外，为了进行多行文本输入，需要使用 textarea 元素。下面的 select.html 使用了 select 和 textarea 元素（见图 7 和图 8）。

```html
<!DOCTYPE html>
<html lang="en">
    <head>
      <meta charset="UTF-8">
      <title>调查</title>
    </head>
    <body>
        <h1>调查</h1>
        <form action="cgi-bin/sample.py" method="post">          显示基于select元素的列表
            <p>请选择你喜欢的颜色：
                <select name="favorite">
                    <option selected value="single">红色</option>
                    <option value="semi">蓝色</option>
                    <option value="double">绿色</option>
                </select>
            </p>
            <p>如果有意见请输入：<br>
                <textarea name="opinion" cols="40" rows="4" maxlength="20"></textarea>
            </p>
            <p><input type="submit" value="发送"></p>         显示文本区域
        </form>
    </body>
</html>
```

图 7　源代码

图 8　下拉列表和文本区域

慎吾 表单控件不仅仅是 <input> 标签。

讲师 select 元素将选项作为内容，并通过"option 元素"设定。select 元素的 name 属性用来指定 select 元素的名称。选择 option 元素之后，所选 option 元素的 value 属性值会被发送到 Web 服务器。可通过将 select 元素的 multiple 属性设置为"multiple"选择多个选项。另外，当把 select 元素的"size 属性"指定为大于 1 的整数时，select 元素将会变成可滚动的列表框。

慎吾 看来设定有很多啊。

讲师 option 元素是菜单或列表项，只要将其"selected 属性"设置为"selected"，option 元素就会处于预先选中的状态。option 元素的 value 属性表示选项的值，在省略 value 属性的情况下，option 元素的内容与值相同。

千里 文本区域呢?

讲师 textarea 元素表示可以输入多行文本的输入框。textarea 元素的 name 属性用来指定 textarea 元素的名称。用户单击提交按钮后，textarea 元素的名称将和文本区域中的字符串一同发送到 Web 服务器。textarea 元素的 cols 属性用来指定一行的字数，rows 属性（必需属性）用来指定行数，maxlength 属性用来指定可输入的最大字符数。

慎吾 想要记住属性值及其含义是很困难的。

讲师 是啊。因此，对于表单元素，请一边参考一边尝试。稍微休息一下，接下来我们聊聊 Web 服务器方面的内容。

第2部分
用Python程序接收表单输入

讲师 在刚才的 HTML 文件中，即使输入数据并单击"发送"按钮，也会因为 Web 服务器端没有对应的程序而出现错误。为此，我们尝试创建一个 Python 程序来接收从表单界面发送过来的数据并返回响应。

慎吾 Python 程序可以从浏览器接收输入吗？

讲师 正确的做法是从 Web 服务器接收，主要是将浏览器发来的数据作为请求接收，然后将处理后的 HTML 数据作为响应返回。

千里 Python 不仅能从浏览器接收数据，而且能创建 HTML 数据并返回，是吗？

讲师 是的。此外，Python 还可以用来开发 Web 应用。

千里 那我们就用 Python 吧。

讲师 好的。首先创建一个只包含一个文本字段的简单 HTML 文件，然后创建一个 Python 程序，用它从 Web 页面接收请求并返回响应。创建的 HTML 文件名为 text.html（见图 1），它被放置在 www 文件夹中。

```html
<!DOCTYPE html>
<html lang="en">
    <head>
    <meta charset="UTF-8">
    <title>CGI测试</title>
    </head>
    <body>
        <h1>文本测试</h1>
        <form action="cgi-bin/input.py" method="post">
        <p><label>文本输入: <input type="text" name="mytext" size="20"></label></p>
        <p><input type="submit" value="发送"></p>
        </form>
    </body>
</html>
```

> 单击"发送"按钮，通过POST方式向Web服务器发送请求，并将输入的数据传递给cgi-bin/input.py

图1　源代码

千里 这个简单的页面仅包含一个文本输入框。

讲师 接下来，在 www 文件夹中创建"cgi-bin"子文件夹，它用来保存接收数据并返回响应的 Python 程序 input.py。下面我们来看看这个 Python 程序的代码（见图 2）。

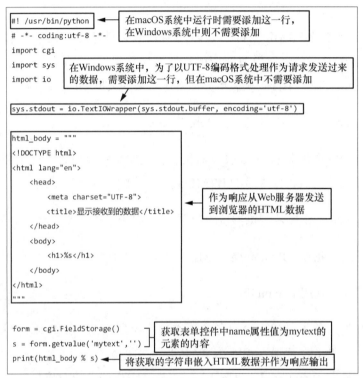

```
#! /usr/bin/python          ◄── 在macOS系统中运行时需要添加这一行，
# -*- coding:utf-8 -*-          在Windows系统中则不需要添加
import cgi
import sys          在Windows系统中，为了以UTF-8编码格式处理作为请求发送过来
import io           的数据，需要添加这一行，但在macOS系统中不需要添加

sys.stdout = io.TextIOWrapper(sys.stdout.buffer, encoding='utf-8')

html_body = """
<!DOCTYPE html>
<html lang="en">
    <head>
        <meta charset="UTF-8">
        <title>显示接收到的数据</title>      ◄── 作为响应从Web服务器发送
    </head>                                      到浏览器的HTML数据
    <body>
        <h1>%s</h1>
    </body>
</html>
"""

form = cgi.FieldStorage()        获取表单控件中name属性值为mytext的
s = form.getvalue('mytext','')   元素的内容
print(html_body % s)      ◄── 将获取的字符串嵌入HTML数据并作为响应输出
```

图2　源代码

慎吾 程序开头导入的 cgi 模块是什么？

讲师 公共网关接口（Common Gateway Interface，CGI）是能与 Web 服务器联合运行的程序。cgi 模块中包含了创建 Web 应用所需的各种函数。

千里 下方的 sys 模块和 io 模块也是 Web 应用程序需要的吗？

讲师 导入 sys 模块和 io 模块是为了方便执行图 3 所示的代码。

讲师 第一行的"#! /usr/bin/python"是供 macOS 系统使用的，Windows 系统无法使用。另外，在 macOS 系统中不需要将标准输出的编码格式修改为

UTF-8，但在 Windows 系统中却是必需的。

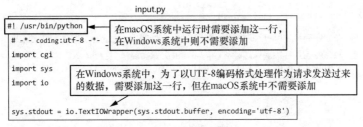

图 3　源代码

千里　是为了防止乱码问题吗？

讲师　是的。在设置好编码格式后，便可将输出到浏览器的 HTML 文档赋值给 html_body 变量。FieldStorage 方法返回的对象是一个表单控件，可在 getvalue 方法中指定表单控件的名称。

慎吾　因为文本字段的 name 属性值是 mytext，所以传递了 <input> 标签的 name 属性值。

讲师　这样就通过 Python 程序获取了用户在浏览器中输入的字符串。

千里　明白了。先将获取的字符串插入 html_body 变量保存的 "<h1>%s</h1>" 中，再用 print 函数将整体作为响应输出。

讲师　没错。现在请把 input.py 保存到 cgi-bin 文件夹中。千里，请在终端执行 "chmod 755 input.py" 命令并赋予执行权限。

慎吾　我在 www 文件夹中创建了 cgi-bin 子文件夹，并在其中保存了 input.py。

讲师　好的。下面启动 Python Web 服务器。由于启动的是 www 文件夹，因此需要用 cd 命令切换到该文件夹。如果是 Windows 系统，请输入 "python -m http.server --cgi 8000" 并按回车键（见图 4）。

慎吾　启动命令中带有 "--cgi" 选项。

讲师　有了这个选项，Python Web 服务器就会变成 CGI 模式。

千里　变成 Web 应用模式。

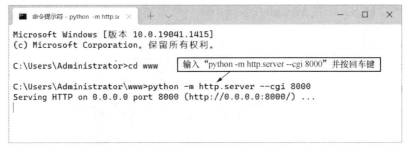

图4 启动 Web 服务器

讲师 请在浏览器中访问"http://127.0.0.1:8000/text.html"并登录吧。

慎吾 页面中出现了一个文本输入框，我试着输入了一些内容。

讲师 输入后请单击"发送"按钮（见图5）。

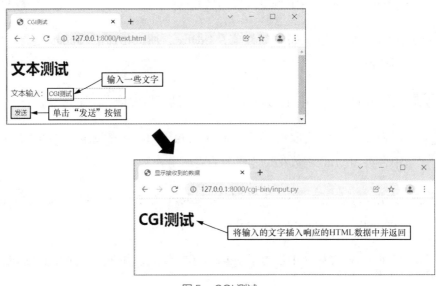

图5 CGI 测试

千里 输入的文字显示在了浏览器中。

讲师 将浏览器切换到开发者模式，查看 HTML 源代码就会发现，我们实际得到的是 input.py 程序的输出（见图6）。

千里 呵呵。

讲师 千里，你怎么了？

千里 Web 应用真简单啊。

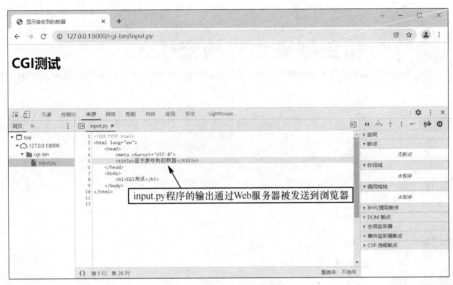

图6　在开发者模式下进行确认

讲师 用这么少的代码就能开发出 Web 应用，这主要是因为 Python 的内置库和第三方库都非常优秀。

慎吾 结构确实很简单，但如果真要创建网站，就必须用 Python 程序创建大量的 HTML 和 CSS 代码，这会非常耗时。

讲师 因此，最新的 Web 应用大多使用了"框架"。

千里 框架？

讲师 这里指的是"Web 应用的框架"，框架中预先配备了 Web 应用所需的通用库和界面模板，程序员可以基于框架添加差异，从而创建所需的 Web 应用。Bottle 和 Django 框架非常出名，两位有兴趣可以阅读一下相关材料。

慎吾 明白了。

讲师 我们休息一下吧。

第3部分 第3天

用正则表达式检查输入

讲师 在网站的会员注册界面中，如果不输入"邮件地址"等必要内容，就会被提示再次输入，你们认为这样的检查是怎样进行的呢？

千里 如果 Web 服务器没有收到程序所需的数据，就将输入页面发送到浏览器？

讲师 不愧是千里，的确可以使用这种方法。

千里 嘿嘿。

讲师 但是还有更高效的检查方法。

慎吾 不会是用 JavaScript 吧？

讲师 不愧是慎吾。

千里 哎呀，说得真好。

讲师 你们说的都正确。但是，在服务器端检查输入，无论如何，客户端和服务器之间通信的时间都是不可避免的，所以处理会发生延迟。但如果在客户端（也就是在浏览器中）通过运行 JavaScript 进行检查，由于不需要与服务器交互，因此效率会更高。

慎吾 但是，逐字检查输入的文字会不会很麻烦？

讲师 这时就要使用"正则表达式"了。正则表达式用图形表示字符串，可通过使用正则表达式检索与模式一致的字符串，这种方法又叫作"模式匹配"。

千里 用图形表示字符串？

讲师 正则表达式通过"元字符"实现了用"模式"（也就是"样式"）表示字符串。例如，字符串"abcd"的正则表达式是"abcd"，与"abcd"样式一致的字符串只有"abcd"。

慎吾 确实如此。

讲师 那么，以 ab 开始、以 d 结束且仅包含 4 个字符的字符串都有哪些呢？

千里 以 ab 开始、以 d 结束且仅包含 4 个字符的字符串有很多，比如"abcd""abed""admd"等。

讲师 因此，"以 ab 开始、以 d 结束且仅包含 4 个字符的字符串"可以用"ab.d"这样的正规表达式来表达。

慎吾 "ab.d"中的句点表示的是"某个字符"？

讲师 是的。这种字符就是"元字符"，使用元字符还可以表达"指定的字符范围"。例如，可以使用正则表达式 ab[a-z]d 来表达"以 ab 开始、以 d 结束且仅包含另一个小写字母的字符串"。

千里 "[a-z]"表示从 a 到 z，只要是小写字母就可以（见图 1）。

字符串	正则表达式	匹配的字符串
abcd	abcd	abcd
以 ab 开始、以 d 结束且仅包含 4 个字符的字符串	ab.d	abcd、ab-d、ab9d 等
以 a 开始、以 c 结束且仅包含另一个小写字母的字符串	a[a-z]c	abc、acc、azc 等

图 1　正则表达式示例

讲师 这样的正则表达式可以用图形来表示字符串，下面介绍正则表达式中常用的元字符（见图 2）。

千里 我们可以详细地指定模式。

讲师 如果只看元字符，可能会令人感觉不太好，大家可以使用 JavaScript 多尝试几种模式匹配以测试正则表达式。下面我们看看页面 seikicheck.html 的源代码（见图 3）。

元字符	含义	示例
.	任意一个字符	a.c → abc、a3c、azc 等
^	开始	^ab → abc、ab098、abbbb 等
$	结束	$ab → 123ab、xyzab、8u7yab 等
*	没有或连续一个及以上	ab*c → ac、abc、abbbbc 等
+	连续一个以上	ab+c → abc、abbc、abbbbbc 等
?	没有或只有一个	ab?c → 只有 ac 和 abc
{n}	重复 n 个	ab{3} → 只有 ababab
|	任意一个字符串	abc | xyz | 012 → abc、xyz 或 012
[]	指定文字中的某个	a[xyz]b → axb、ayb 或 azb
()	分组	a(bc)*d → ad、abcd、abcbcd、abcbcbcd 等 a(b|c)d → abd 或 acd
\d	阿拉伯数字	与 [0-9] 等价
\w	字母或下画线	与 [a-zA-Z_0-9] 等价

图 2　正则表达式中常用的元字符

慎吾 哇，代码真地道啊。图 3 所示源代码的 JavaScript 中定义了 checkString 函数，这个函数是模式匹配函数吗？

讲师 是的。只要单击表单中的"正则表达式检查"按钮，就会调用该函数。

千里 单击"正则表达式检查"按钮会触发 onclick 事件，此时会将 form.string.value 传递给 checkString 函数，也就是将输入的字符串传递给 checkString 函数。

讲师 检查这里传递的字符串是否与使用 match 方法定义的"正则表达式"匹配。在图 3 所示的源代码中，"var seiki=/^a/"部分将正则表达式定义成了 seiki 变量。就像这样，在定义正则表达式时，需要使用"/"包住正则表达式。

seikicheck.html

```html
<!DOCTYPE html>
<html lang="en">
    <head>
        <meta charset="UTF-8">
        <title>正则表达式</title>
        <script>
            var seiki=/^a/;
            function checkString(s){
                if(s != ""){
                    if(s.match(seiki)){
                        alert("匹配");
                    } else {
                        alert("不匹配");
                    }
                } else {
                    alert("请输入要检查的字符串");
                }
            }
        </script>
    </head>
    <body>
        <h1>正则表达式</h1>
        <form action="dummy" method="post">
            <script>document.write("<p>正则表达式：" + seiki + "</p>");</script>
            <p>需要检查的字符串：<input type="text" name="string" size="50"></p>
            <input type="button" value="正则表达式检查" onclick="checkString(form.string.value)"/>
        </form>
    </body>
</html>
```

正则表达式 → `var seiki=/^a/;`

使用match方法检查输入的字符串是否与正则表达式匹配 → `if(s.match(seiki)){`

显示正则表达式 → `<script>document.write("<p>正则表达式：" + seiki + "</p>");</script>`

在按钮的onclick事件中调用checkString函数 → `onclick="checkString(form.string.value)"`

图3 源代码

慎吾 这个正则表达式是"^"和字母"a"的组合。既然"^"的意思是"开始"，那么以字母 a 开始的字符串不都能匹配吗？

讲师 我们用浏览器验证一下吧。

千里 慎吾说得没错。如果是"abc"，就"匹配"；但如果是"bcd"，就"不匹配了"（见图 4）。

慎吾 原来如此。但是，像"000-0000"这种用来检查是否为连续数字的正则表达式该如何定义呢？

讲师 可以多考虑几个正则表达式，"/^\d{3}[-]\d{4}$/"怎么样（见图 5）？

图 4　模式匹配测试

seikicheck.html

```
...
    <title>正则表达式</title>
        <script>
            var seiki=/^\d{3}[-]\d{4}$/;
            function checkString(s){
...
```

修改正则表达式

图 5　源代码

千里 正则表达式突然变得复杂起来了。"^\d"表示以数字开始的字符串，"{3}"表示以 3 个数字开始，"[-]"表示连字符，"\d{4}$"表示以 4 个数字结束。

讲师 修改并保存源代码后，可以在浏览器中尝试一下。

慎吾 成功了。123-4567 是匹配的，1234-5678 或 1234567 是不匹配的。

讲师 像这样能够对输入进行检查的正则表达式从网上可以找到很多。今天就到这里，大家辛苦了。

第 4 天

Selenium
自动化

第1部分

Selenium是什么

讲师 我感觉大家对 Web 技术应该有了比较深的理解。今天，我们来学习一下
浏览器的自动化。

千里 我的梦想终于就要实现了。

讲师 为了实现浏览器的自动化，我们需要根据程序的指示对浏览器进行操作
（见图 1）。实现这种操作的方法大致可以分为两种：一种是利用浏览器自
身的工具库，另一种是利用外部工具。

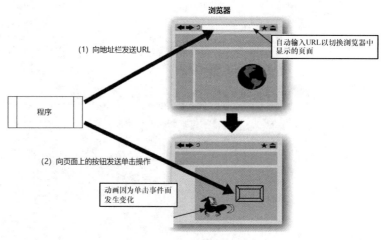

图1　浏览器的自动化

慎吾 有什么区别吗？

讲师 浏览器也是应用程序，所以它也是用某种编程语言开发出来的。

千里 Python 之类的编程语言吗？

讲师 当然可以用 Python 来开发浏览器，但考虑到处理速度，大多数情况下使
用的是 C++ 语言。

千里 C++？哦。

讲师 通过 C++ 可以直接调用浏览器使用的库，从而在程序中操作浏览器。

慎吾 如果不熟悉浏览器程序，使用这种方法岂不是很难？

讲师 是有些难。浏览器程序是公开的，所以必须精通其结构才行。另外，也可以使用 Selenium 等外部工具。

千里 Selenium 是什么？

讲师 Selenium 是 Web 应用的自动化测试工具和库，它支持利用 WebDriver 并通过 Python 来操作浏览器。

千里 好厉害啊。

讲师 为了学习如何使用 Selenium，我们需要安装 Microsoft Edge[1]（后面简称 Edge）。

慎吾 Edge 是浏览器吗？

讲师 是的。Edge 中有一个名为 Selenium IDE 的浏览器自动化插件，我们可以使用这个插件来判断 Selenium 到底是什么样的程序。请两位在自己的计算机上安装 Edge（见图 2）。

慎吾 安装好了，这是我第一次使用 Edge 浏览器。

千里 我也安装好了。

讲师 接下来在 Edge 中安装 Selenium IDE 插件。在 Edge 浏览器中打开"扩展"功能并进入扩展管理页面，然后单击左侧的"获取 Microsoft Edge 扩展"以进入扩展下载网站，此时在左侧的搜索框中输入"Selenium IDE"就可以看到下载项，单击 Selenium IDE 对应的"获取"按钮即可（见图 3）。

千里 虽然安装好了，但是界面并没有什么变化。

1　由于当前 Firefox 浏览器已经不支持安装 Selenium IDE 插件，因此本书中文版将浏览器改为 Microsoft Edge，后续关于 Selenium IDE 的操作部分都将在 Edge 中进行。——译者注

图 2　下载 Edge 浏览器

图 3　安装 Selenium IDE 插件

讲师　查看 Edge 的扩展页面，确保 Selenium IDE 是"开启的"。只要 Selenium IDE 是开启的，就可以在工具栏中看到 Selenium IDE 的图标（见图 4）。

慎吾　啊，有了。不知为何，一个类似于测量仪的应用程序启动了。

讲师　这就是 Selenium IDE。Selenium IDE 在启动后马上就会进入记录模式，单击右侧红色的"记录"按钮，可以停止记录（见图 5）。

千里　"测试用例"是什么？

图 4　启动 Selenium IDE

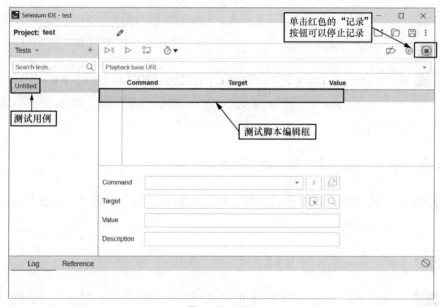

图 5　停止记录

讲师 在 Selenium IDE 中，可以向浏览器发出命令进行操作，这一系列的命令称为"测试用例"。然后，中间的空白部分称为"测试脚本编辑框"，可以在这里设定命令。顺便提一下，将多个测试用例整合在一起可以得到"测试套件"。

千里 好的。

讲师 休息一下，接下来我们介绍 Selenium IDE 的使用方法。

第2部分

Selenium IDE

讲师 下面我们尝试使用 Selenium IDE。首先创建一个只打开百度网站的测试用例。Selenium IDE 界面的中间是表格形式的"测试脚本编辑框"。Selenium IDE 启动后默认会打开"测试脚本编辑框",其中包含 3 列,分别是"Command"列、"Target"列和"Value"列。列宽可以使用鼠标进行调整,请将列宽调整至适当的大小。

慎吾 如果没有显示"Value"这一列,那么它可能被隐藏在右边了,可以通过调整列宽使其显示出来。

讲师 在"Playback base URL"栏中输入百度网站的网址 https://www.baidu.com/,这是 Selenium IDE 操作对象的基础。然后,单击测试脚本编辑框底部的命令输入栏。

千里 编辑框变成蓝色,输入栏的颜色也变深了。

讲师 这样就可以输入命令了。可以从命令的下拉列表中选择"open"命令,也可以直接输入。

慎吾 我已经输入了(见图 1)。

讲师 下面尝试让 Edge 显示除百度网站之外的页面。单击"运行当前测试用例"按钮,这时会启用旁边的"暂停/重启"按钮,而"运行当前测试用例"按钮则变成灰色(表示不可用),可单击"暂停/重启"按钮以重新启用"运行当前测试用例"按钮(见图 2)。

千里 哇,切换到百度网站了,Edge 执行了 Selenium 命令。

慎吾 Selenium IDE 真不得了,虽然它非常简单。

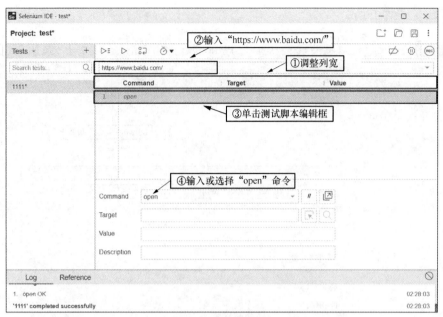

图 1 命令的输入

图 2 测试用例的执行

讲师 也可以操作 Edge 浏览器进行记录，比如记录利用百度搜索"Python"的命令。在测试脚本编辑框中，在"open"命令的下方单击，进入命令输入状态。然后单击右侧红色的"记录"按钮，即可开始记录（见图 3）。

千里 录像开始。

讲师 在 Edge 的百度搜索框中输入 "Python"，然后单击 "百度一下" 按钮（见图 4）。

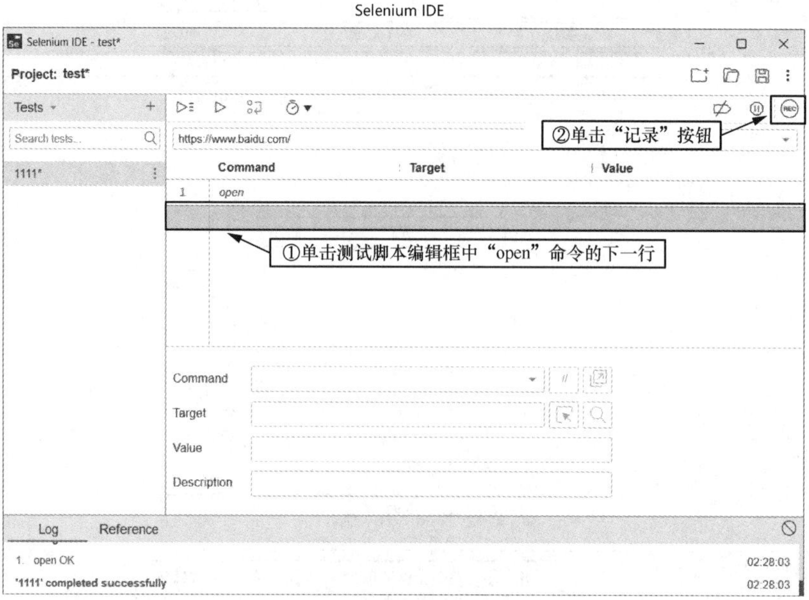

Selenium IDE

图 3 开始记录

Edge

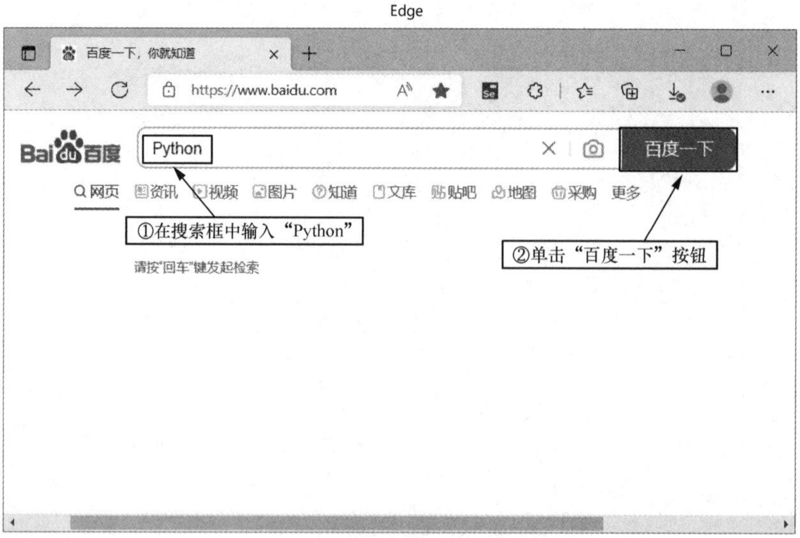

图 4 执行搜索

慎吾 搜索结果出来了。

讲师 再次单击 "记录" 按钮，停止记录（见图 5）。

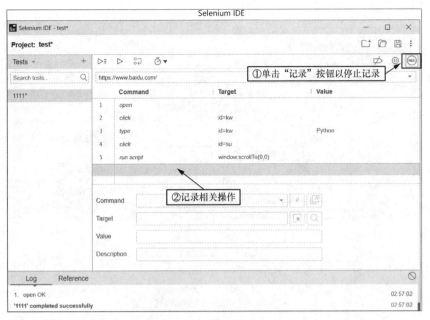

图 5　记录搜索

千里 不知道为什么，命令增加了。

讲师 我们在百度搜索框中输入字符串的操作被记录为"type"命令，输入的"对象"是百度搜索框，输入的字符串则存储在"Value"这一列中。

千里 对象是"id="kw""，这里的 id 是 HTML 中的 id 属性吗？

讲师 太棒了，没错。Edge 也提供了开发者模式，因此可以显示 HTML 源代码。在 Windows 系统中，可以按 F12 功能键；而在 macOS 系统中，可以按"cmd+opt+i"组合键。进入开发者模式后，对于 Windows 系统，可以右击搜索框并从弹出的快捷菜单中选择"检查"；而在 macOS 系统中，可以在按住 Control 键的同时进行单击选择（见图 6）。

慎吾 的确，<input> 标签中出现了"id="kw""，Selenium 还解析了 HTML。

讲师 返回到 Selenium IDE。在百度搜索框中输入并单击"百度一下"按钮，此次操作会被记录为"Click"命令，并且对象是搜索按钮。

千里 好厉害。搜索按钮没有 name 属性，所以用 id 属性的值来确定搜索按钮，从而充分利用 HTML 数据。

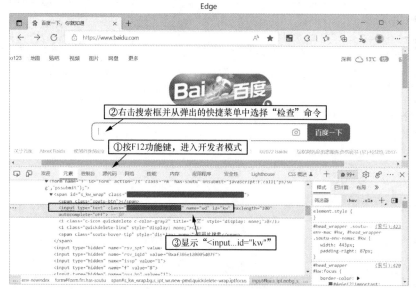

图6 Edge 的开发者模式

讲师 下面保存这个测试用例。单击菜单栏中的"保存项目"图标，将文件名设置为"Python 搜索"并保存，然后退出 Selenium IDE。将 Edge 返回到启动页面后，再次启动 Selenium IDE。

慎吾 打开保存的"Python 搜索"测试用例。

讲师 没错。打开后单击"运行当前测试用例"按钮。

千里 哇，Selenium IDE 自动使用百度搜索了 Python。这相当于重现了刚才所做的操作，我想要的就是这个。

慎吾 真的吗？

讲师 有了 Selenium IDE，确实可以自由操控 Edge，但是每次都需要启动浏览器和 Selenium IDE，并且需要读取测试用例。

千里 哦，如果是这样的话，这与自己动手搜索也没有太大的差别。

讲师 Selenium 的方便之处在于其可以在 Python 中使用。

慎吾 真的吗？先用 Python 操作 Selenium，再用 Selenium 操作浏览器，原来 Python 和 Selenium 就是这样协作的。

讲师 好了，接下来我们在 Python 中使用 Selenium。

讲师 要使用 Python 操作 Selenium，请先使用 pip 安装 Selenium 模块。

千里 pip 是用来安装 Python 第三方库的应用程序。

讲师 是的。在 Windows PowerShell 中输入命令 "pip install -U selenium" 并按回车键（见图 1），或者输入命令 "pip3 install -U selenium" 并按回车键。

图 1　Selenium 模块的安装

慎吾 **千里** Selenium 模块安装好了。

讲师 接下来，为了使用 Python 操作 Firefox 浏览器[1]，还需要准备 WebDriver。为此，请访问另一个网站以下载 Firefox geckodriver（见图 2）。

千里 "mozilla" 是指哥斯拉吗？

讲师 好像是一种酷似哥斯拉的 "蜥蜴"。Firefox 的前身是名为 Netscape Navigator 的浏览器，当时的开发代码是 "mozilla"。另外，"gecko" 是 "壁虎" 的意思。

慎吾 看来 Firefox 的开发人员都喜欢爬行动物啊。

1　在 Python 中可以通过 Selenium 模块正常操作 Firefox 浏览器，故此处仍旧遵循原书使用 Firefox 浏览器。——译者注

图 2　下载 Firefox geckodriver

讲师 下载 geckodriver 后，请将其中的文件展开到 www 文件夹，然后在 www 文件夹中启动 Python（见图 3）。另外，请在 macOS 系统中执行命令"sudo cp ./geckodriver /usr/local/bin"以便复制。

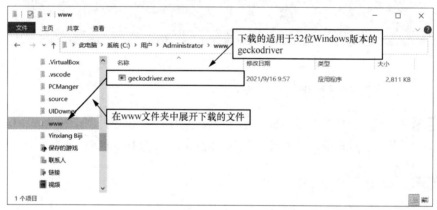

图 3　geckodriver 的展开

讲师 切换到 www 文件夹并启动 Python 解释器。为此，首先输入"from selenium import webdriver"并按回车键以导入 WebDriver，然后输入"browser = webdriver.Firefox()"并按回车键以启动 Firefox，同时将浏览器对象赋值给变量 browser。

千里 太好了，Firefox 启动了。

讲师 向 Firefox 发送 URL 以切换到想要显示的网站。Python 解释器会执行 "browser.get('https://www.baidu.com/')"（见图 4 ）。

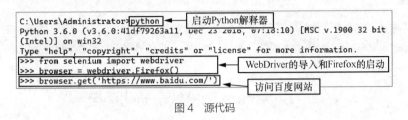

图 4　源代码

千里 糟了，Firefox 切换到百度网站了（见图 5 ）。

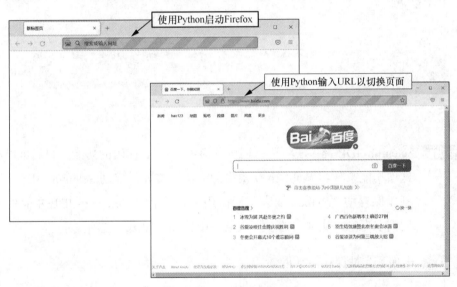

图 5　使用 Python 控制 Firefox

讲师 怎么样？很有趣吧！

慎吾 输入操作以及按钮的单击该如何实现呢？

讲师 可以使用 WebDriver 提供的方法来指定元素，然后对元素进行按键输入或单击，详细的操作方法请参考图 6 所示的 Selenium 文档。

千里 看完整个 Selenium 文档有点……

讲师 如果是这样的，还有一种更简便的方式。

千里 什么啊？您快说吧。

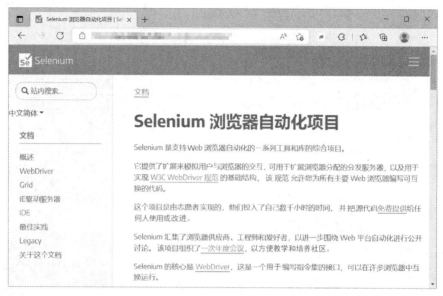

图6　Selenium 文档

讲师 Selenium IDE 提供了将测试用例转换为 Python 代码的功能。我们可以利用这项功能来学习 WebDriver 提供的方法。首先，启动 Selenium IDE，读取刚才保存的"Python 搜索"测试用例，然后在 Selenium IDE 左侧的测试用例上右击，从弹出的上下文菜单中选择"导出"选项。

慎吾 出现了文件保存对话框。

讲师 在文件保存对话框中选中"Python pytest"选项，然后单击"导出"按钮并将文件以名称"Sample.py"保存到桌面上。保存好之后，使用编辑器打开这个文件（见图7）。

千里 哇，代码好多啊，好在 Selenium 命令我还是知道一些的。" self.driver.find_element(By.ID, "kw").send_keys("Python")"表示在 id 属性值为"kw"的元素中输入"Python"。"self.driver.find_element(By.ID, "su").click()"表示对 id 属性值为"su"的元素触发单击事件。

讲师 不愧是千里。没错，请将命令中的 driver 替换为 browser 并使用 Python 解释器执行吧（见图8）。

图7　将测试用例转换成 Python 代码

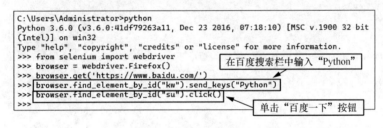

图8　源代码

千里　太好了，我们使用 Python 成功实现了百度搜索的自动化。就像这样，用 Selenium IDE 学习命令，无论什么操作都能实现自动化。

讲师　好了，今天的学习就到这里，明天开始学习 Python 网络爬虫。

第 5 天

Python 网络爬虫

第1部分
使用正则表达式进行数据采集

讲师 终于要学习慎吾一直想要制作的网络爬虫了。大家还记得在 Python 基础篇中，我试着从 Yahoo! 财经页面上采集日经平均指数吗？

慎吾 记得当时使用 beautifulsoup4 从 HTML 数据中提取了日经平均指数。

千里 啊，当时做到了吗？

讲师 做到了啊，不过当时只是介绍了"能做到"这件事。因此，现在我想介绍一下使用"正则表达式"、beautifulsoup4、XPath 和 Selenium 进行数据采集的方法。

慎吾 真是丰富多彩啊！

讲师 每一种方法都有各自的优缺点，请大家体验一下，用慎吾认为的最好方法来挑战进行网页数据的采集。

慎吾 明白了。

讲师 下面尝试使用正则表达式进行数据采集。使用正则表达式进行数据采集非常简单，在获取 HTML 数据之后，只需要对格式化的字符串使用正则表达式进行提取即可。

千里 Python 也能使用正则表达式吗？

讲师 当然能。不过需要事先加载 re 模块，之后就可以像上次一样，用正则表达式提取 Yahoo! 财经页面上的日经平均指数了（见图 1）。

讲师 为了提取日经平均指数，我们首先需要获取 HTML 源代码。为此，可以使用 urllib 模块中的 request 对象，将用来从日经平均指数页面获取 HTML 源代码并进行显示的代码输入 scraping1.py 中（见图 2）。

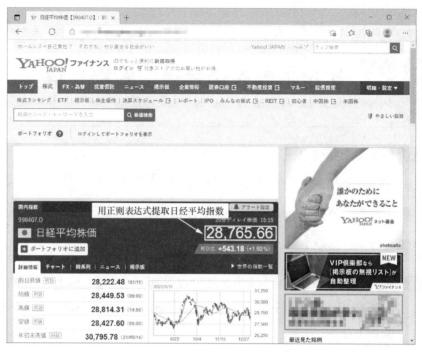

图1　Yahoo! 财经页面上的日经平均指数

scraping1.py

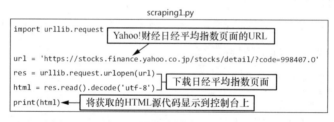

图2　源代码

千里 输入完，现在开始执行吧（见图3）。咦？慎吾的 HTML 源代码一下子就显示出来了，我的却出现了错误。

讲师 没错。在 macOS 系统中，由于 OpenSSL 太旧，因此出现了错误。如果在 urllib.request 或 Selenium 中访问 Web 页面时出现错误，可在终端输入"/Applications/Python 3.6/Install Certificates.command"命令，这有时可以避免错误哦。

千里 太感谢了，我现在也能显示 HTML 源代码了。是要从这些 HTML 源代码中，使用正则表达式来查找日经平均指数吗？

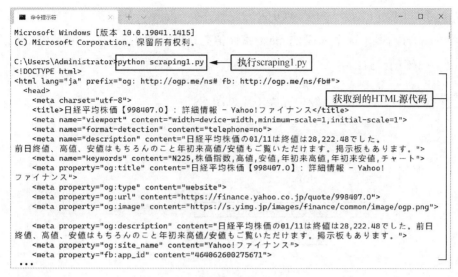

图3 运行界面

讲师 是的，请进入浏览器的开发者模式并查看日经平均指数的标签。

慎吾 在 Edge 浏览器中按 F12 功能键。

讲师 要查看日经平均指数的标签，在 Edge 浏览器中，可以选中日经平均指数，从而使数字高亮显示，然后右击，从弹出的快捷菜单中选择"检查"选项；而在 Safari 浏览器中，可以在菜单栏中单击"开发"→"显示网页检查器"，然后将瞄准镜图标拖放到日经平均指数上，这样就会选中日经平均指数的标签（见图 4）。

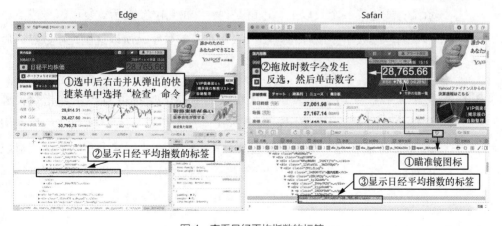

图4 查看日经平均指数的标签

慎吾 "<span class="_3bYcwOHa">28,765.66</span>"是用来显示日经平均指数的元素，这个元素的class属性值是 _3bYcwOHa，这是为了应用CSS而专门设置的。

千里 慎吾，HTML已经很完美了（见图5）。

图5 HTML节选

讲师 也就是说，从<span class="_3bYcwOHa">开始到</span>结束的部分是"日经平均指数"。

千里 但是，数字部分每天都在变化啊。

讲师 的确如此，但如果能将数字部分用正则表达式来表示，就能应对每天变化的日经平均指数了。在日经平均指数中，每隔3位数就有一个逗号，但小数点以后的部分没有逗号，因此我们应该使用"(\d+[,.])*\d+"这样的正则表达式进行匹配。

慎吾 "\d"表示数字，"+"表示连续一个及以上，"[,.]"表示逗号或点号，"*"表示没有或连续一个及以上。也就是说，"(\d+[,.])*"表示重复以逗号或点号结束的连续数字。最后的"\d+"表示重复的数字，所以这里是小数点以后的部分。

讲师 接下来我们使用正则表达式从获取的HTML中提取日经平均指数，源代码参见图6。为了使用正则表达式，首先需要导入re模块，然后使用compile方法创建一个正则表达式对象。接下来使用这个正则表达式对象的search方法从HTML中搜索与模式一致的字符串，找到后便可以得到match对象，最后使用group方法裁剪出匹配的部分即可。

慎吾 group方法中的参数"0"有什么意义吗？

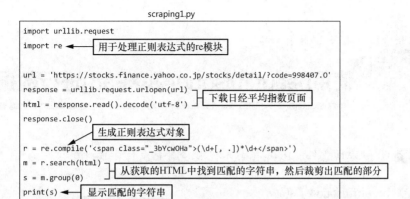

图6 源代码

讲师 这个数字意味着一致的图形组的顺序，但是在切出所有一致的字符串时需要指定"0"。我们来确认一下日经平均指数的走势（见图7）。

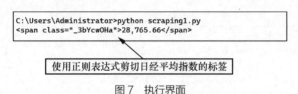

图7 执行界面

慎吾 取出来了，但取出来的是整个 span 元素。

千里 使用 Python 的切片功能将标签部分删除不就行了吗（见图8）?

讲师 太棒了千里，这样就可以取出标签部分了。

慎吾 千里，你什么时候学会了这么高级的技术?

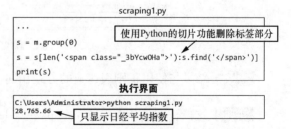

图8 源代码

千里 但是，难道不能更简单地提取元素的内容吗?

讲师 这种数据采集方法对于习惯使用正则表达式的人来说比较方便，但对于不习惯的人来说，创建匹配模式会很麻烦。接下来我们介绍如何使用 beautifulsoup4 和 XPath 采集数据。

千里 好期待啊。

讲师 除 re 模块之外，Python 中还有很多用于数据采集的模块。

慎吾 beautifulsoup4 算吗？

讲师 当然算。使用 beautifulsoup4 可以分析 HTML 并从中取出数据。两位的计算机上应该已经用 pip 工具安装了 beautifulsoup4，因此，请先输入前面 Python 基础篇中介绍的代码并运行（见图 1）。

scraping2.py

```
import urllib.request
from bs4 import BeautifulSoup

url = 'https://stocks.finance.yahoo.co.jp/stocks/detail/?code=998407.O'
res = urllib.request.urlopen(url)
                         生成用于分析HTML的BeautifulSoup对象
soup = BeautifulSoup(res,'html.parser')
stoksPrice = soup.select('._3bYcwOHa')
                         搜索并获取满足条件class="_3bYcwOHa"的标签
print(stoksPrice[0].text)
```

执行界面

```
C:\Users\Administrator>python scraping2.py
28,765.66 ◄    日经平均指数
```

图1 源代码

千里 结果与使用正则表达式的方式相同。但是，我觉得这种方式比较简单。

讲师 这段代码使用 beautifulsoup4 的 select 方法指定了想要提取的元素。对了，你们不觉得"soup.select('._3bYcwOHa')"很像 CSS 中的选择器吗？

慎吾 这么说来，当我们在 CSS 中使用 class 属性选择想要装饰的元素时，好像使用的也是"元素名 .class 属性值"这种写法。

讲师 是的。实际上，beautifulsoup4 的 select 方法和 CSS 中的选择器一样，也用

来搜索想要提取的标签。例如，如果 id 属性的值是"nav"，则可以写成
"soup.select('#nav')"。

千里 在 CSS 中，当选择 id 属性时也需要加上前缀"#"。

讲师 你记得很清楚啊。另外，当需要使用特定元素（如 h2 元素）的 class 属性
值进行搜索时，可以使用"soup.select('h2.myclass')"进行描述。

慎吾 在这种情况下，CSS 知识就派上用场了。

讲师 在 beautifulsoup4 中则可以使用 find_all 方法，find_all 方法能够提取传递给
参数的所有标签，但也可以通过指定 class 属性来提取。另外，即使不知
道 CSS 选择器，也可以使用属性名和属性值的集合来加以指定。但 class
是 Python 中的保留字，因此在使用 class 属性时，需要像"class_"这样
在最后加上下画线（见图 2）。

千里 什么啊？只要懂 HTML，总会有
办法的。

```
scraping2.py
stoksPrice = soup.select('._3bYcwOHa')
```

⬇

```
stoksPrice = soup.find_all(class_ = '._3bYcwOHa')
```

因为class是Python中的保留字，所以此处是class_

慎吾 我好不容易学会了，就用 CSS 选
择器吧。

图 2　源代码

讲师 哈哈。实际上，除 beautifulsoup4 之外，我们还可以使用 lxml 模块中的
XPath 来提取元素。

千里 XPath？

讲师 XPath 和 HTML 一样，也是一种用来描述文档层级结构的方法。XPath 中
的"X"来自标记语言 XML。例如，"html 元素的 body 元素中的 h1 元素"
就可以指定为"/html/body/h1"，这种指定方法称为"绝对路径法"。

慎吾 XPath 能够把文档的层次结构直接描述出来。

讲师 对于"/html/body/h1"这样的 XPath，前面的"/"叫作"根节点"，接下
来的"html"表示的是"以根节点为起点，作为根节点的子节点的 html 元
素"，后面的 body 元素是 html 元素的子元素，最后的 h1 元素则是 body

元素的子元素。

慎吾 在 XPath 中，元素之间是"亲子关系"，这好像与 CSS 中的选择器相同。

讲师 想要直接指定节点，以"//"开始即可。例如，"根节点下的 h1 元素"可表示为"//h1"。

千里 看起来不是很难。

讲师 XPath 还可以指定元素的内容。例如，"根节点下的 h1 元素的内容"可表示为"//h1/text()"。

千里 等一下，这不是 text 函数吗?

讲师 也可以将元素指定为 string 函数的参数，以获取字符串的内容。关于 XPath，微软的 XPath 参考网站对其做了详细介绍（见图 3）。

图 3 微软的 XPath 参考网站

千里 哇，运算符、集合、函数等都有了，感觉 XPath 快要成为编程语言了。

讲师 XPath 的特征就是可以通过语法确定元素的层次结构，并且可以通过函数缩小层次结构。在 Python 中使用 XPath 时，需要导入 lxml 模块。为此，首先使用 pip 安装 lxml 模块（见图 4）。安装之后，即可导入 lxml 模块并执行 scraping3.py（见图 5）。

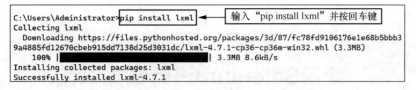

图 4 安装 lxml 模块

scraping3.py

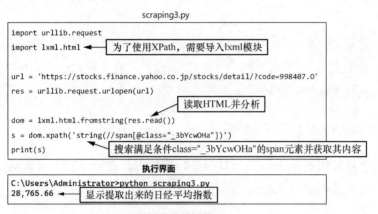

图 5 源代码

慎吾 提取出日经平均指数了。这里使用 XPath 直接指定 <td> 标签，然后使用 [@class="_3bYcwOHa"] 检测 class 属性。

讲师 是的。XPath 也可以像 beautifulsoup4 那样指定属性或元素。此外，我们还可以使用 string 函数提取标签的内容。相比 beautifulsoup4，使用 XPath 更容易锁定元素。

千里 哼，XPath 也没什么可怕的。

使用Selenium进行数据采集

讲师 我最后介绍一下使用 Selenium 进行数据采集的方法。Selenium 是一款万能的工具，它不仅可以实现浏览器的自动化，而且可以实现从获取 HTML 到搜索标签的各种功能。

千里 Selenium 之最强传说开始了。

讲师 下面使用 Selenium 显示日经平均指数页面。为了便于确认浏览器的行为，此处我们启动 Python 解释器（见图 1）。

```
C:\Users\Administrator>python                    启动Python解释器
Python 3.6.0 (v3.6.0:41df79263a11, Dec 23 2016, 07:18:10) [MSC v.1900 32 bit (Intel)
] on win32
Type "help", "copyright", "credits" or "license" for more information.
>>> from selenium import webdriver          导入Selenium的WebDriver
>>> browser = webdriver.Firefox()                                启动Firefox
>>> browser.get('https://stocks.finance.yahoo.co.jp/stocks/detail/?code=998407.0')
>>>
                                    显示Yahoo!财经栏目的日经平均指数
```

图1 执行界面

慎吾 Firefox 启动后，出现了日经平均指数页面。

讲师 在 Selenium 的 WebDriver 中，提取页面标签的方法有好几种。例如，可以使用 find_elements_by_tag_name 方法提取指定标签的内容（见图 2）。

```
                                获取所有span标签的内容并存储到列表中
>>> for t in browser.find_elements_by_tag_name("span"):
...     if len(t.text) > 0:
...         print(t.text)                  显示列表的内容
...
[最大50%OFF] おトククーポン配布中
株価検索
日経平均株価
28,765.66
ポートフォリオに追加            提取的span标签的内容
+543.18
+543.18
```

图2 源代码

172

千里 哇，span 标签的内容一下子就提取出来了。不过，span 标签的内容好像是从列表中提取出来的。

慎吾 是啊。看第 4 行，日经平均指数也提取出来了。如果是列表，那么只要指定索引为 3 就可以提取出日经平均指数。

讲师 请大家尝试一下。

慎吾 明白了。准备好变量 span，然后使用 browser.find_elements_by_tag_name("span") 提取出 \<span\> 标签，最后使用 print 函数输出"span[3].text"就可以了（见图 3）。

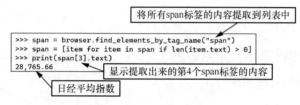

将所有span标签的内容提取到列表中

```
>>> span = browser.find_elements_by_tag_name("span")
>>> span = [item for item in span if len(item.text) > 0]
>>> print(span[3].text)
28,765.66
```

显示提取出来的第4个span标签的内容

日经平均指数

图 3　源代码

讲师 除提取标签之外，也可以使用 find_elements_by_class_name 方法以 class 属性值的形式搜索元素，或者使用 find_elements_by_css_selector 方法以 CSS 选择器的形式搜索元素（见图 4）。

```
>>> span = browser.find_elements_by_class_name("_3bYcwOHa")
>>> print(span[0].text)
28,765.66
>>>
>>> span = browser.find_elements_by_css_selector("span._3bYcwOHa")
>>> print(span[0].text)
28,765.66
```

搜索class属性值为"_3bYcwOHa"的元素

以CSS选择器的形式搜索元素

图 4　源代码

千里 Selenium 真快啊！

讲师 另外，在 find_elements_by_xpath 方法中，由于可以用 XPath 指定元素，因此我们能够更精确地提取元素（见图 5）。

```
>>> for t in browser.find_elements_by_xpath("//span[@class='_3bYcwOHa']"):
...     print(t.text)
...
28,765.66
```

使用XPath指定提取class属性值为"_3bYcwOH"的span元素

图 5　源代码

慎吾 今天，我向中岛老师请教了使用各种模块进行数据采集的方法，其中 Selenium 是我最喜欢的。

讲师 Selenium 的优点不止这些。即使是必须登录才能显示的网页，通过 Selenium 也有可能做到。

千里 是吗？用 Selenium 进行自动登录吗？

讲师 没错。但是，对于使用自动化解决方案且要求进行两阶段认证的网站来说，想要实现登录的自动化却是很难的，所以请不要勉强。更糟糕的是，账号可能会被封掉，甚至可能会被控告妨碍业务。

千里 真的吗？

讲师 虽然数据采集本身不是违法行为，但是短时间内多次自动访问网站，可能会被当成对网站的攻击。

慎吾 使用自动化工具可以查到登录密码。

讲师 因此，网站的运营者有时会禁止访客使用自动化工具。

千里 明白了。

讲师 请大家在不给网站运营者带来麻烦的前提下进行信息的筛选。

慎吾 **千里** 好的。

讲师 大家要加油啊，两位今天辛苦了。

Python

AI 编程篇

▶ C O N T E N T S

第 1 天　**AI 编程准备**　　177

第 2 天　**scikit-learn**　　198

第 3 天　**监督学习（ k 最近邻算法）** 212

第 4 天　**监督学习（其他相关的机器学习算法）** 223

第 5 天　**神经网络和聚类**　　240

第1天

AI 编程准备

第1天

第1部分
引言

未来，很多工作将被人工智能（Artificial Intelligence，AI）取代，大失业时代即将到来。在这个话题被不断讨论的当下，大家过得还好吗？大家好，我是技术作家中岛。

社会上掀起一股人工智能热潮之际，我怎么能将这么重要的事情抛之脑后，只顾过自己的小日子？某个午后，日经软件的编辑联系我，"AI 编程篇就拜托您了！"

编辑 编程语言是 Python，AI 库是 scikit-learn，拜托了。

中岛 scikit-learn？好的，我知道了，放心吧。

▶ 掌握人工智能概要

"人工智能"这个词是由约翰·麦卡锡在 1956 年的达特茅斯会议上提出的。此后，人们试图利用模糊理论或神经网络技术引领第二次人工智能热潮的到来。

另外，据说 2006 年深度学习技术的发表和现在的人工智能热潮有关。所谓深度学习，是指比神经网络更高级的机器学习。

谷歌、苹果、微软等 IT 巨头正在推进人工智能项目的开发。2016 年，谷歌子公司 DeepMind 开发的 AlphaGo 战胜了人类顶尖的职业围棋棋手，这件事令人记忆犹新。

随后，谷歌公开了备受瞩目的深度学习和机器学习工具库 TensorFlow，这样所有人都可以使用和学习 TensorFlow。最近，谷歌又发布了面向非编程人员的机器学习服务 AutoML。

这方面的故事非常流行，知道的人也很多，但大家不知道的是如何将机器学习这项技术用在程序中。也就是说，很多人不清楚具体的应用方法。

进一步调查后就会发现，除 TensorFlow 之外，还有很多其他公开的 AI 库，其中 scikit-learn 相当有名。掌握了 scikit-learn 的使用方法，也就能够自行编写机器学习程序了。

▶ 确认机器学习中出现的术语

若研究过机器学习，则会发现以下术语经常出现。

监督学习

这是机器学习方法之一，这种机器学习方法以事先获得的数据为导向进行学习。例如，假设图像中出现了猫，为了让程序能够将图像判断为猫，可以事先准备标记为猫的图像，让程序学习猫的特征。这种利用预先赋予正确答案标签"猫"的数据进行学习的方法称为"监督学习"。

无监督学习

在监督学习中，需要事先在图像上标记猫和正确答案。与监督学习相反，从没有任何标记的图像中查找共同特征，并对具有类似特征的数据进行判断（如"这是什么特征"）的方法称为"无监督学习"。

聚类

在无监督学习中，有一种数据分类方法叫作"聚类"。聚类包括分层型聚类和非分层型聚类两种。其中，用于分层型聚类的算法有凝聚法，用于非分层型聚类的算法有 k 均值算法等。

学习模型

机器学习的目的是根据数据的特征建立用于预测的模型，这种模型称为"学习模型"。例如，在创建识别猫的图像的学习模型之后，通过向学习模型提供与学习时不同的图像，就可以知道猫的特征所占的百分比。

对于上述机器学习术语，大家可能还有很多地方没有完全领悟，请不要贪心，可以先试着努力理解机器学习的基础概念。接下来我们从构建学习环境开始吧！

机器学习编程中使用的语言是 Python。因此，尽管从 Python 官网下载并搭建 Python 编程环境比较好，但还有更简单的方法——安装 Anaconda。

Anaconda 是 Continuum Analytics 公司发布的 Python 发行版，其中不仅包含 Python 主体，而且包含 NumPy、scikit-learn、Jupyter Notebook、Pandas 和 matplotlib 等机器学习必需的库和工具，它们配置起来非常方便。当然，它们都是可以免费使用的。首先，我们需要从官网下载 Anaconda（见图 1）。

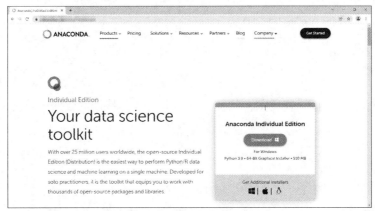

图 1　Anaconda 下载页面

Anaconda 有很多版本，此处下载的是适用于 64 位 Windows 系统和 Python 3.6 的 Anaconda 5.0.1[1]，下载的安装文件名为 anaconda3-5.0.1-windows-x86_64.exe，双击后进入安装向导（见图 2）。

顺便提一下，Anaconda 5.0.1 是在 2017 年 10 月发布的，本书使用的是 2018 年 1 月发布的版本。只需要按照安装指示进行操作即可，安装步骤比较简单。

1　因为翻译本书时 Anaconda 的版本划分以及下载地址都已发生变化，所以此处给出的是当前官网上个人版的最新下载地址。——译者注

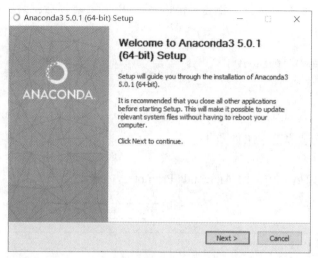

图 2　安装 Anaconda

安装完成后，"Anaconda3"文件夹会出现在"开始"菜单中，我们可以尝试启动 Anaconda Prompt（见图 3）。

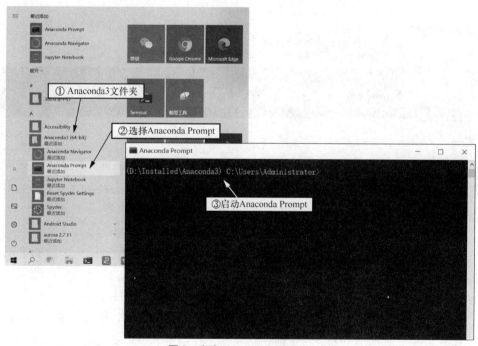

图 3　启动 Anaconda Prompt

启动 Anaconda Prompt 后，输入"python"，Python 解释器就会启动，然后输入下面的代码进行确认。

```
>>> print("Hello Python!")
Hello Python!
```

在">>>"的后面输入"print("Hello Python!")"，如果出现"Hello Python!"，就表示 Anaconda 安装成功了（见图 4）。

确认操作结束后，请关闭 Anaconda Prompt。

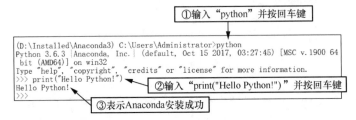

图 4　输入并执行代码以确认 Anaconda 安装成功

第3部分

第1天 Jupyter Notebook

机器学习一定会用图表来显示数据和预测结果，好在 Anaconda 配备了可以同时显示 Python 代码和图表的编程工具 Jupyter Notebook。在 Jupyter Notebook 中，当编写并运行代码时，代码下方就会显示图表。

在"开始"菜单中选择"Anaconda3"文件夹里的 Jupyter Notebook，启动 Jupyter Notebook（见图 1）。

Jupyter Notebook 是运行在浏览器中的服务器工具，此处使用的浏览器是 Microsoft Edge，其他浏览器应该也能正常工作。在浏览器中启动 Jupyter Notebook 后，单击页面右上角的"New"下拉按钮，从弹出的下拉列表中选择"Python3"（见图 2）。

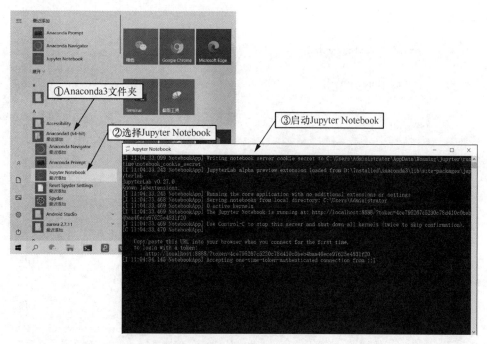

图 1　启动 Jupyter Notebook

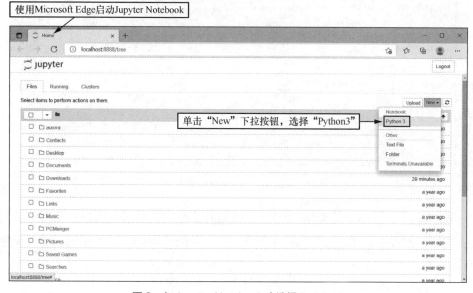

图 2　在 Jupyter Notebook 中选择 Python 3

在 Jupyter Notebook 中，将 Python 代码输入"单元格"中，然后单击"run cell, select below"按钮即可执行代码。下面将之前用来确认 Anaconda 是否安装成功的代码输入单元格中。

```
In [ ]: print("Hello Python!")
```

然后尝试执行（见图3）。

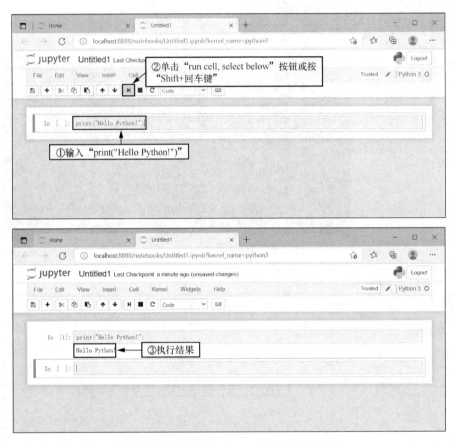

图3　在 Jupyter Notebook 中执行代码

顺便提一下，"run cell, select below" 按钮有快捷键。当需要执行单元格中的代码时，可以按 "Ctrl+回车键" 或 "Shift+回车键"。其中，按 "Shift+回车键" 后，光标会自动移到下一个单元格中。

图4 详细描述了每个 Jupyter Notebook 图标的功能。

Jupyter Notebook 提供了保存、读取和输出数据的功能。如果想在 Jupyter Notebook中保存代码及执行结果，那么最好将它们以 ".ipynb" 格式保存到文件中。当然，

Jupyter Notebook 也能读取 ".ipynb" 格式的文件。此外，也可以将它们以 HTML 格式导出，或者仅输出 Python 代码。

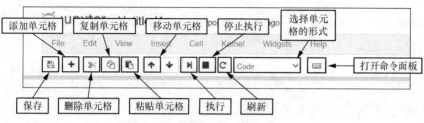

图 4 Jupyter Notebook 图标

第 1 天
第 4 部分
NumPy

接下来我们了解机器学习中常见工具库的使用方法。由于它们都需要在 Jupyter Notebook 中运行，因此请先启动 Jupyter Notebook。

我们要学习的第一个库是 NumPy。NumPy 主要用于数值计算，AI 库 scikit-learn 就利用了 NumPy。

以防万一，请先确认已经安装了 NumPy，并尝试将 NumPy 以别名 np 导入。

在 Jupyter Notebook 的单元格中输入如下代码，单击 "run cell, select below" 按钮或按 "Shift+回车键" 执行。

```
In [1]: import numpy as np
```

如果 NumPy 安装失败，则会出现错误提示。在这种情况下，请在 Anaconda Prompt 中输入 "pip install numpy" 命令以重新安装 NumPy。

▶ 使用NumPy操作数组

在 NumPy 中创建数组时需要使用 array 函数。例如，元素为 3、5、8 的数组的创建代码如下（见图 1）。

```
In [2]: arr = np.array([3,5,8])
        arr
Out[2]: array([3, 5, 8])
```

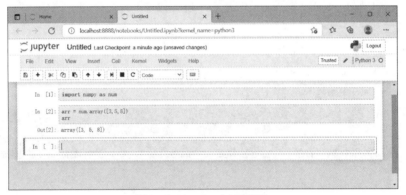

图1　在 NumPy 中创建数组

二维数组的创建方式如下。

```
In [3]: arr = np.array([[3,5,8], [1,4,9]])
        arr
Out[3]: array([[3, 5, 8],
               [1, 4, 9]])
```

由于 NumPy 数组是 NumPy.ndarray 类的实例，因此在高速运行的基础上，NumPy 准备了很多便利的函数和属性。例如，如果想知道数组各个维度的元素数量，可以访问 shape 属性。

```
In [4]: arr.shape
Out[4]: (2, 3)
```

另外，可以使用 0 ～ 1 的随机值来初始化数组元素。

```
In [5]: arr = np.random.rand(2, 3)
        arr
Out[5]: array([[ 0.5735834 , 0.92614039, 0.70211732],
               [ 0.34815397, 0.99924502, 0.18050367]])
```

▶ 向量和矩阵运算

数组可以作为向量或矩阵进行运算。例如，准备如下数组，将其乘以 5 之后，数组中每个元素的值都将变成原来的 5 倍。

```
In [6]: arr = np.array([1,2,3])
        arr = arr * 5
        arr
Out[6]: array([ 5, 10, 15])
```

当计算相同维度的同类数组时，结果将返回相同维度的同类元素。

```
In [7]: arr1 = np.array([[1,2,3],[2,3,4]])
        arr2 = np.array([[3,4,5],[4,5,6]])
        arr = arr1 + arr2
        arr
Out[7]: array([[ 4, 6, 8],
               [ 6, 8, 10]])
```

数组的转置可以利用数组的 T 属性来实现。

```
In [8]: arr1 = np.array([[1,2,3],
                         [2,3,4]])
        arr2 = arr1.T
        arr2
Out[8]: array([[1, 2],
               [2, 3],
               [3, 4]])
```

向量的内积和矩阵的乘积可以通过 dot 函数来计算，dot 函数的语法格式详见图 2。

numpy.dot(a, b, out = None)	
参数	说明
a	从左边乘以向量或矩阵
b	从右边乘以向量或矩阵
out	用来存储结果的替代数组
返回值	向量的内积结果或矩阵的乘积结果

图 2　dot 函数的语法格式

向量的内积运算是指将所有对应元素相乘后的结果相加。例如，下面的向量 arr1 和 arr2 的内积是 $1 \times 2 + 2 \times 3 + 3 \times 4 = 20$。

```
In [9]: arr1 = np.array([1,2,3])
        arr2 = np.array([2,3,4])
        np.dot(arr1,arr2)
Out[9]: 20
```

矩阵的乘积运算是指按相同顺序将横排和竖排的元素对应相乘后的结果相加。例如，下面的矩阵 arr1 和 arr2 的乘积为 "$[1 \times 5 + 2 \times 7, 1 \times 6 + 2 \times 8], [3 \times 5 + 4 \times 7, 3 \times 6 + 4 \times 8]$"，也就是 "[19, 22], [43, 50]"。

```
In [10]: arr1 = np.array([[1,2], [3,4]])
         arr2 = np.array([[5, 6], [7,8]])
         np.dot(arr1, arr2)
Out[10]: array([[19, 22],
                [43, 50]])
```

▶ NumPy 统计函数

使用 mean 函数可以简单地计算阵列元素的平均值，mean 函数的语法格式详见图 3。

numpy.mean(a, axis = None, dtype = None, out = None, keepdims =False)	
参数	说明
a	要求取平均值的阵列
axis	沿哪个轴求平均值
dtype	计算平均值时使用的数据类型
out	用来存储结果的替代数组
keepdims	使返回阵列的轴的数量保持原样不变
返回值	指定阵列元素的平均值，或指定以平均值作为元素的阵列

图 3 mean 函数的语法格式

例如，下面随机生成一个元素取值范围为 $0 \sim 9$ 的阵列，然后计算其平均值。为此，我们使用 random.randint 函数创建一个随机值序列。其中，第 1 个参数表示下限，第 2 个参数表示上限（但不包括上限值），第 3 个参数表示元素数量。

```
In [11]: r = np.random.randint(0, 10, 10)
         r
Out[11]: array([9, 1, 1, 5, 8, 0, 4, 8, 7, 6])
```

这个随机值序列的所有元素的平均值如下。

```
In [12]: m = np.mean(r)
         m
Out[12]: 4.9000000000000004
```

标准差可通过 std 函数求得，std 函数的语法格式详见图 4。

numpy.std(a, axis=None, dtype=None, out=None, ddof=0, keepdims= <class numpy._globals._NoValue>)	
参数	说明
a	要计算标准差的值
axis	计算标准差的一个或多个轴
dtype	计算标准差时使用的数据类型
out	用来存储结果的替代数组
ddof	表示 Delta 自由度
keepdims	如果设置为 True，则保留所返回数组的维度与原始数组相同
返回值	标准差，如果 out 参数为 None，则返回一个包含标准差的新数组，否则返回对输出数组的引用

图 4　std 函数的语法格式

上述阵列的标准差如下。

```
In [13]: s = np.std(r)
         s
Out[13]: 3.1128764832546763
```

此外，常用的 NumPy 统计函数还有 sum 函数。可以使用 sum 函数的 axis 参数指定有关二维排列的统计方向。

```
In [14]: arr = np.array([[1,2,3],
                         [2,3,4]])
         np.sum(arr, axis=0)
Out[14]: array([3, 5, 7])
```

```
In [15]: np.sum(arr, axis=1)
Out[15]: array([6, 9])
```

要求两点之间的距离（向量的长度），即"欧几里得距离"，可以使用 linalg.norm 函数。例如，以 (x, y) 为坐标，求 a 点 $(2,5)$ 到 b 点 $(7,8)$ 的欧几里得距离的方法如下。

```
In [16]: a = np.array([2, 5])
         b = np.array([7, 8])
         np.linalg.norm(b - a)
Out[16]: 5.830951894845307
```

第5部分
Pandas

Pandas 是用于数据分析和解析的 Python 库。在机器学习中，需要将数据转换成 Pandas 的 DataFrame 类型以进行操作和显示的情况有很多，所以这里稍微介绍一下 DataFrame。

DataFrame 是一种表格型数据结构，主要用来表示 RDB（关系数据库）表、CSV 文件、Excel 表等表格形式的数据。

▶ 创建DataFrame

下面尝试创建 DataFrame。首先，我们需要导入 NumPy 和 Pandas。

```
In [1]: import numpy as np
        import pandas as pd
```

然后可以将如下列表传递给 DataFrame 构造器以创建 DataFrame 对象。这里的列表是按照姓名、国籍、年龄、生日的顺序排列的，并且为了方便在表格中查看进行了转置。

```
In [2]: df = pd.DataFrame([["Nakajima","Smith","Chen"],
                           ["Japan","USA","China"],
                           [51,25,39],
                           ["11/20","3/5","8/29"]] ).T
```

这样，DataFrame 对象的原型就有了，并且表格中的列名是用 columns 表示的。

```
In [3]: df.columns = ["Name","Country","Age","Birthday"]
```

如果表格还需要行名，那么可以为 DataFrame 对象 df 的 index 属性设置如下列表。

```
In [4]: df.index = [1,2,3]
```

下面显示创建的 DataFrame 对象 df。从中可以看出，DataFrame 是一种表格型数据结构（见图 1）。

```
In [5]: print(df)
            Name        Country     Age     Birthday
1           Nakajima    Japan       51      11/20
2           Smith       USA         25      3/5
3           Chen        China       39      8/29
```

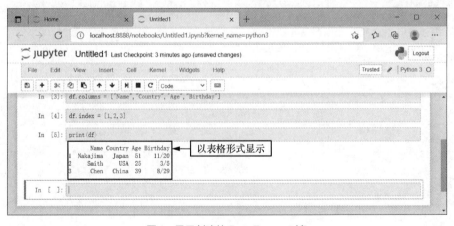

图 1　显示创建的 DataFrame 对象

▶ 将DataFrame转换为CSV文件

DataFrame 既可以导出到 CSV 文件中，也可以插入 CSV 文件中。下面将刚才创建的 DataFrame 导出到 CSV 文件中。为了将 DataFrame 导出到 CSV 文件中，需要使用 to_csv 函数。to_csv 函数的语法格式详见图 2。

```
DataFrame.to_csv(path_or_buf=None, sep=', ', na_rep='', float_format=None,
columns=None, header=True, index=True, index_label=None, mode='w',
encoding=None, compression=None, quoting=None, quotechar='"', line_
terminator='\n', chunksize=None, tupleize_cols=False, date_format=None,
doublequote=True, escapechar=None, decimal='.')
```

参数	说明
path_or_buf	输出文件名（如果省略，则以字符串形式输出）
sep	分隔符
float_format	浮点数的格式化字符串
columns	输出的列名
header	是否保存列名
index	是否保存行名
encoding	字符编码格式（'utf-8'、'shift_jis'、'euc_jp'、'ascii' 等）
compression	文件压缩格式（'gzip'、'bz2'、'xz'）
line_terminator	换行符
quotechar	引用字符
escapechar	转义字符
date_format	日期时间格式的字符串
decimal	小数点符号

图 2 to_csv 函数的语法格式

下面尝试以 temp.csv 为输出文件名对导出的 DataFrame 进行保存。

```
In [6]: df.to_csv("temp.csv")
```

执行完上述代码后，就会产生一个名为 temp.csv 的文件，打开之后，我们可以确认这是一个 CSV 文件（见图 3）。

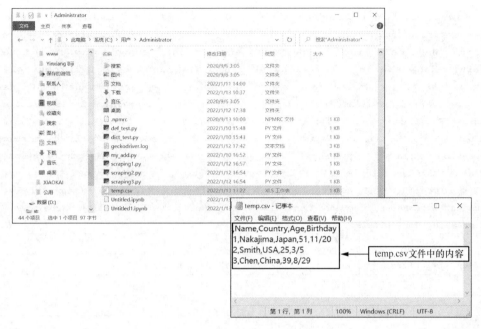

图 3　将 DataFrame 导出到 CSV 文件中

▶ 读取CSV文件

反过来，也可由 CSV 文件创建 DataFrame。请将 temp.csv 文件中的内容按如下方式修改并保存。

```
Name,Country,Age,Birthday
Nakajima,Japan,51,11/20
Smith,USA,25,3/5
Chen,China,39,8/29
```

可以使用 read_csv 函数读取 CSV 文件的内容。read_csv 函数的语法格式详见图 4。

```
In [7]: dft = pd.read_csv('temp.csv')
```

只要不出现错误提示，就表示读取成功。读取的内容如下。

```
In [8]: print(dft)
        Name        Country     Age     Birthday
0       Nakajima    Japan       51      11/20
1       Smith       USA         25      3/5
2       Chen        China       39      8/29
```

```
pandas.read_csv(filepath_or_buffer, sep=', ', delimiter=None,
header='infer',names=None, index_col=None,usecols=None, squeeze=False,prefix=None,
mangle_dupe_cols=True, dtype=None, engine=None, converters=None, true_
values=None, false_values=None,skipinitialspace=False, skiprows=None,
skipfooter=None,nrows=None, na_values=None, keep_default_na=True, na_
filter=True,verbose=False, skip_blank_lines=True,parse_dates=False,infer_datetime_
format=False, keep_date_col=False, date_parser=None, dayfirst=False,iterator=False,
chunksize=None,compression='infer', thousands=None, decimal='.', lineterminator
=None,quotechar='"', quoting=0, escapechar= None, comment=None, encoding=None,
dialect=None, tupleize_cols=False, error_bad_lines=True, warn_bad_lines=True,
skip_footer=0, doublequote=True, delim_whitespace=False,as_recarray=False,
compact_ints=False, use_unsigned=False, low_memory=True, buffer_lines=None,memory_
map=False, float_precision=None)
```

参数	说明
filepath_or_buffer	输入文件名（如果省略，则以字符串形式输出）
sep	分隔符
delimiter	自定义分隔符
header	标题行的行数
names	用于结果的列名列表
index_col	行的索引号
dtype	各行的数据类型（'a': np.float64、'b': np.int32 等）
skiprows	从开始向后跳过需要忽略的行数
skipfooter	从结尾向前跳过需要忽略的行数
encoding	字符编码格式（'utf-8'、'shift_jis'、'euc_jp'、'ascii' 等）
quotechar	引用字符
escapechar	转义字符
comment	注释行的行首字母
返回值	读入 CSV 文件的 DataFrame 对象

图4 read_csv 函数的语法格式

第1天 **第 6 部分**

matplotlib

在科学计算等领域，通过使用图表显示结果，可以使得结果易于理解。利用 matplotlib，可以将数据绘制成图表。幸运的是，matplotlib 也包含在 Anaconda 中。

▶ matplotlib的导入

下面以别名 plt 导入 matplotlib.pyplot，而为了将图表等直接显示在 Jupyter Notebook 中的单元格的下方，我们还需要添加用于内联显示的语句。

```
In [1]: import matplotlib.pyplot as plt

        # 用于内联显示的语句
        %matplotlib inline
```

▶ 显示图表

为了显示图表，我们需要使用 matplotlib.pyplot 模块中的 plot 函数和 show 函数。具体方法是：首先用 plot 函数的参数指定 x 轴和 y 轴，然后用 show 函数显示生成的图表。其中，x 轴和 y 轴是以数组或列表的形式进行传递的。

下面试着显示一下信号波。信号波的 x 坐标是用 NumPy 的 linspace 函数计算出来的，y 坐标则是用 sin 函数计算出来的。这两个函数的语法格式如图 1 和图 2 所示。

numpy.linspace(start, stop, num = 50, endpoint = True, retstep = False, dtype = None)	
参数	说明
start	所生成数列的起始值
stop	所生成数列的结束值
num	所生成数列的元素数量（默认为 50 个元素）
endpoint	指定生成的数列中是否包含结束值
dtype	指定所生成数列中元素的数据类型（不指定的话，默认为 float 类型）
返回值	包含 num 个元素的等差数列

图1　linspace 函数的语法格式

numpy.sin(x[, out]) = <ufunc 'sin'>	
参数	说明
x	弧度
返回值	指定弧度的正弦值

图2　sin 函数的语法格式

此外，我们还需要使用 math.pi 来获得圆周率。最后，将 x 坐标和 y 坐标的计算结果传递给 matplotlib 的 plot 函数以生成图表，并用 show 函数显示出来即可（见图3）。

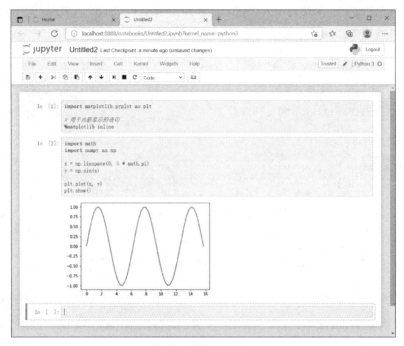

图3　信号波的显示

```
In [2]: import math
        import numpy as np

        x = np.linspace(0, 5 * math.pi)
        y = np.sin(x)

        plt.plot(x, y)
        plt.show()
```

▶ 标题和轴标签的设定

图表的标题可以用 title 函数设定，轴标签可以用 xlabel 函数和 ylabel 函数设定，图例可以用 plot 函数的 label 参数指定并用 legend 函数显示。

顺便说一下，若要显示中文，则需要修改 matplotlib 的配置文件。在这里，只要能够确认图表就可以了，不需要修改配置文件。

请输入下面的代码以显示图表。

```
In [3]:  # 使用title函数为图表添加标题
         plt.title('Sin Graph')

         # 使用xlabel函数和ylabel函数为图表添加轴标签
         plt.xlabel('X-Axis')
         plt.ylabel('Y-Axis')

         # 使用plot函数的label参数为图表指定图例
         plt.plot(x, y, label='sin')

         # 使用legend函数显示图表的图例
         plt.legend()

         plt.show()
```

执行结果如图 4 所示。

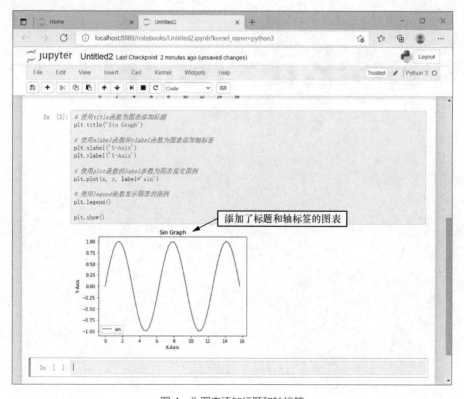

图 4　为图表添加标题和轴标签

第**2**天

scikit-learn

第1部分 了解scikit-learn

今天，我们来了解一下 scikit-learn。scikit-learn 是一个开源（通过 BSD 授权）的机器学习库，其中包含了机器学习所需的回归算法、分类算法、聚类算法等。

另外，scikit-learn 在内部还使用了 Python 的数值计算库 NumPy 和 SciPy。在使用 scikit-learn 之前，建议阅读 scikit-learn 官方网站上提供的说明文档（见图 1）。

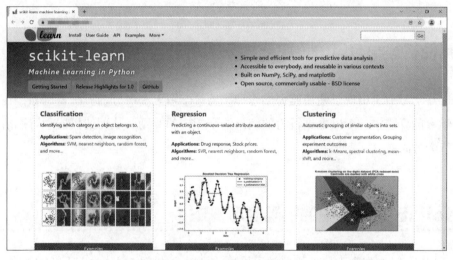

图 1　scikit-learn 官方网站

下面我们回顾一下不同的机器学习方法。

▶ 监督学习

监督学习的特点是，要学习的数据通常附有正确答案的标签。监督学习以附有正确答案的数据为基础，学习数据的特征和模式。对于没有正确答案标签的数据，则预测它们与哪个正确答案的标签一致。

根据正确答案的标签种类的不同，监督学习分为回归（regression）和分类（classification）两种。

▶ 无监督学习

无监督学习针对没有正确答案标签的数据，目的是学习它们的特征、共同点、模式等信息。由于没有正确答案的标签，因此收集学习数据时花费的工夫变少了，但无监督学习存在如下问题：如果不去尝试，就无法知道能得出什么样的特征和模式。

无监督学习分为聚类（clustering）和降维（dimensionality reduction）两种。

▶ 其他机器学习算法（强化学习等）

机器学习中还出现了使用监督学习和无监督学习无法区分的算法。例如，在名为强化学习的算法中，可以根据行为的结果给予相应的奖励，从而使机器学习逐渐朝更好的行为方向前进。

▶ scikit-learn中的机器学习算法

scikit-learn 中包含大量的机器学习算法，可以大致将它们分为以下 4 类。

- **回归（regression）**：通过已有数据学习并预测实际数据。scikit-learn 中配备的相关算法有 SGD 回归、LASSO 回归等。
- **分类（classification）**：通过学习正确答案的标签及其数据来预测相关数据的标签。scikit-learn 中配备的相关算法有内核近似法、k 最近邻算法等。
- **聚类（clustering）**：通过将相似的数据分为一组来寻找数据的特征和模式。scikit-learn 中配备的相关算法有 k 均值算法、谱聚类算法等。
- **降维（dimensionality reduction）**：通过缩减数据的维度来找出固有的结构，此外也可用作其他算法的输入。scikit-learn 中配备的相关算法有主成分分析（PCA）、核 PCA 等。

▶ 哪种算法最合适

scikit-learn 提供了很多算法，它们多得有些令人眼花缭乱，如何找到适合自己的算法？ scikit-learn 在官方网站上用一张图将大量算法联系在一起（见图 2）。

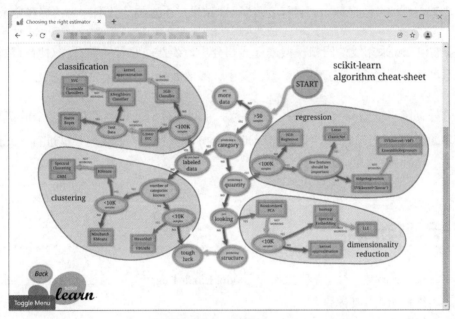

图 2　算法图

在图 2 所示的算法图中，只需要对问题回答"是"或"否"，就能找到适合自己的机器学习算法。例如，START →有 50 个以上的样本（学习数据）吗？如果回答"否"，就会被提示"请多准备一些数据"。是分类预测吗？回答"是"。学习数据有标签吗？如果回答"是"，就进入监督学习算法组；如果回答"否"，就进入无监督学习算法组。

当然，即使我们知道适合自己的机器学习算法，也不知道该如何有效利用。不过，其中多少能给人留下印象的应该是回归算法。因此，在进入真正的机器学习算法之前，我们先来尝试一下 scikit-learn 中最简单的回归算法。

回归分析是一种通过统计方式找出结果数据与对结果产生影响的数据之间关系的算法。其中，结果数据称为"目标变量"，对结果产生影响的数据称为"解释变量"。

scikit-learn 采用线性回归模型进行回归分析。线性回归是一种通过对所有数据画一条尽可能符合的线进行预测的模型，其中，线的方程可用最小二乘法求出。

另外，解释变量只有一个的情况称为一元回归分析，解释变量有多个的情况则称为多元回归分析。这两种回归分析 scikit-learn 都支持。下面我们尝试进行一元回归分析。

▶ 一元回归分析

在 scikit-learn 中，可以使用 linear_model.LinearRegression 函数来创建线性回归模型，语法格式如图 1 所示。

sklearn.linear_model.LinearRegression(fit_intercept=True, normalize=False,copy_X=True, n_jobs=1)	
参数	说明
fit_intercept	指定是否包含求截距的计算
normalize	指定是否事先将解释变量归一化
copy_X	为了不在内存中重写，指定是否在复制 X 轴数据后执行
n_jobs	指定用于计算的作业数量。如果设为 –1，则使用可用的所有 CPU

图 1　linear_model.LinearRegression 函数的语法格式

由于代码是在 Jupyter Notebook 中运行的，因此 Jupyter Notebook 需要提前启动。

下面导入必要的库，除大家熟悉的 NumPy、matplotlib、Pandas 之外，我们还需要导入 sklearn 中的 linear_model。

```
In [1]: import numpy as np
        import matplotlib.pyplot as plt
        from pandas import DataFrame
        from sklearn import linear_model
        %matplotlib inline
```

接下来，以 Pandas 的 DataFrame 形式准备易于理解的 X 轴和 Y 轴数据。

```
In [2]: X = DataFrame([0,1,2,3,4,5])
        Y = DataFrame([3,2,5,7,6,10])
```

最后，使用 matplotlib 尝试绘制散点图（见图 2）。

```
In [3]: plt.scatter(X, Y, color='red')
```

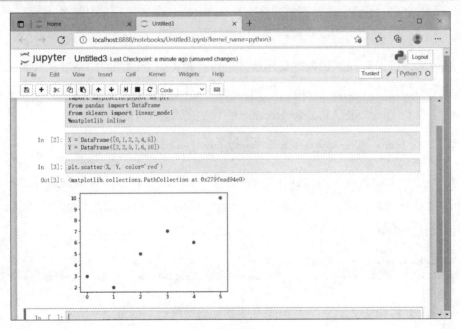

图 2　绘制的散点图

线性回归是一种通过对所有数据画一条尽可能符合的线进行预测的模型。首先，我们使用目测法画一条回归直线（见图 3）。

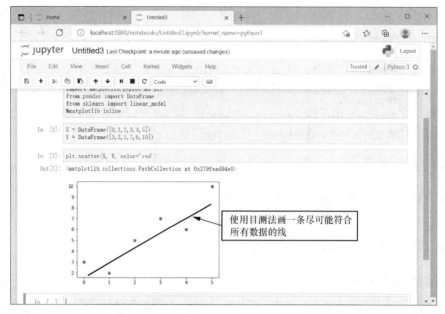

图3　用目测法画出的回归直线

接下来，将 X 轴和 Y 轴数据套用公式进行计算，就能得到回归系数和截距，从而得到这条回归直线。上述计算需要用到 linear_model.LinearRegression 函数。好了，现在我们使用 linear_model.LinearRegression 函数生成线性回归模型。

```
In [4]: model = linear_model.LinearRegression()
```

将 X 轴和 Y 轴数据传递给创建好的线性回归模型，并使用 fit 函数进行学习（这在机器学习中称为"训练"）。执行后，Jupyter Notebook 将输出并显示线性回归模型学习时使用的参数。

```
In [5]: model.fit(X, Y)
Out[5]: LinearRegression(copy_X=True, fit_intercept=True, n_jobs=1, normalize=False)
```

至此，我们便建立了学习 X 轴和 Y 轴数据的线性回归模型。

如下代码使用 NumPy 的 arange 函数生成从 X 坐标的最小值到最大值且按 0.01 递增的数组。

```
In [6]: tmp = np.arange(X.min(), X.max(),0.01)
```

如下代码使用 NumPy 的 newaxis 函数将 X 坐标数据转换成二维数组。

```
In [7]: px = tmp[:,np.newaxis]
```

如下代码通过将 X 坐标传递给线性回归模型的 predict 函数生成 Y 坐标。

```
In [8]: py = model.predict(px)
```

可以使用如下代码同时显示原始数据和创建好的回归直线（见图 4）。

```
In [9]: plt.scatter(X, Y, color='red')
        plt.plot(px, py, color='blue')
        plt.title("Regression line")
        plt.show()
```

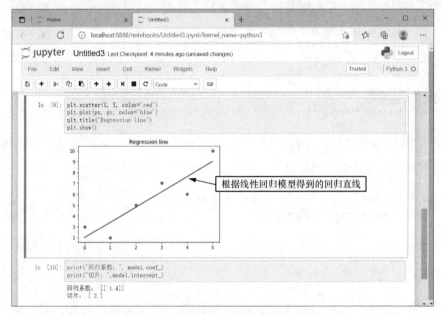

图 4 同时显示原始数据和创建好的回归直线

进展顺利！导出的回归系数和截距分别存储在 coef_ 属性和 intercept_ 属性中。

```
In [10]: print("回归系数: ", model.coef_)
         print("切片: ",model.intercept_)
         回归系数: [[ 1.4]]
         切片: [ 2.]
```

通过使用 linear_model.LinearRegression 函数，我们只需要知道算法的结构，实际的计算可以随意进行，甚至简单到令人难以置信。

第3部分
机器学习数据集

也许大家能想象出来 scikit-learn 的使用方法，但是为了进行真正的机器学习实验，我们仍需要相应的数据。

网络上有很多用于帮助阐释机器学习的样本数据，这里使用的是 scikit-learn 附带的两个数据集：iris 数据集和手写数字数据集。

▶ iris数据集

iris 数据集因作为统计分析和机器学习样本而闻名，它是入门机器学习不可或缺的数据集之一。通过专用的 load_iris 函数读取 iris 数据集。

```
In [1]: from sklearn.datasets import load_iris
        iris_dataset = load_iris()
```

根据 scikit-learn 官方网站上的说明，这里获取的鸢尾花数据是 scikit-learn 中定义的 Bunch 类的实例（见图 1）。

数据在元组中可通过 'data'、'target' 等键来获取。下面尝试通过 'DESCR' 键来显示 iris 数据集的说明信息（见图 2）。

```
In [2]: print(iris_dataset['DESCR'])
```

从输出结果可以看出，鸢尾花的数据是 150 个，单位是厘米，此外还生成了 Iris-Setosa、Iris-Versicolour、Iris-Virginica 三种鸢尾花的花萼长度和花瓣长度以及宽度测量数据。

图 1　scikit-learn 官方网站上关于 load_iris 函数的说明

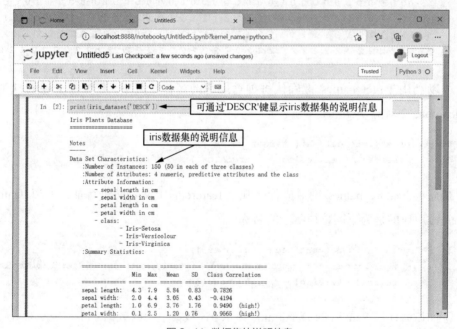

图 2　iris 数据集的说明信息

现在我们检查一下除 'DESCR' 键之外还有哪些键。

```
In [3]: print(iris_dataset.keys())
        dict_keys(['data', 'target', 'target_names', 'DESCR', 'feature_names'])
```

除 'DESCR' 键之外，还有 'data'、'target'、'target_names'、'feature_names' 等键，请尝试显示通过各个键可以获取的数据。

'data' 键对应的是鸢尾花的特征数据，顺序依次为花萼长度、花萼宽度、花瓣长度、花瓣宽度。

```
In [4]: print(iris_dataset['data'])
        [[ 5.1 3.5 1.4 0.2]
         [ 4.9 3. 1.4 0.2]
         [ 4.7 3.2 1.3 0.2]
...
```

当显示 'target' 键对应的数据时，出现了 150 个数字。其中，0、1、2 三种数字各有 50 个，所以数字 0、1、2 表示的是鸢尾花的种类。

```
In [5]:print(iris_dataset['target'])
       [0 0 0 0 0 0 0 0 0 0 0 0 0 0 0 0 0 0 0 0 0 0 0 0 0 0 0 0 0 0 0
        0 0 0 0 0 0 0 0 0 0 0 0 0 0 1 1 1 1 1 1 1 1 1 1 1 1 1 1 1 1 1 1 1 1 1 1
        1 1 1 1 1 1 1 1 1 1 1 1 1 1 1 1 1 1 1 1 1 1 1 1 1 2 2 2 2 2 2 2 2 2 2
        2 2 2 2 2 2 2 2 2 2 2 2 2 2 2 2 2 2 2 2 22 2 2 2 2 2 2 2 2 2 2]
```

可以利用 'target_names' 键确认每种鸢尾花的名称，其中，0 对应 setosa，1 对应 versicolour，2 对应 virginica。

```
In [6]:print(iris_dataset['target_names'])
       ['setosa' 'versicolour' 'virginica']
```

最后的 'feature_names' 键对应什么呢？feature 的中文含义是特征，所以 'feature_names' 键对应的是为不同特征赋予的名称。

```
In [7]:print(iris_dataset['feature_names'])
       ['sepal length (cm)', 'sepal width (cm)', 'petal length (cm)', 'petal width (cm)']
       ['setosa' 'versicolor' 'virginica']
```

下面试着使用 Pandas 的 DataFrame 显示 iris 数据集中的数据。

```
In [8]:import pandas as pld
       pld.DataFrame(iris_dataset.data, columns=iris_dataset.feature_names)
```

至此，我们了解了 iris 数据集的结构（见图 3）。

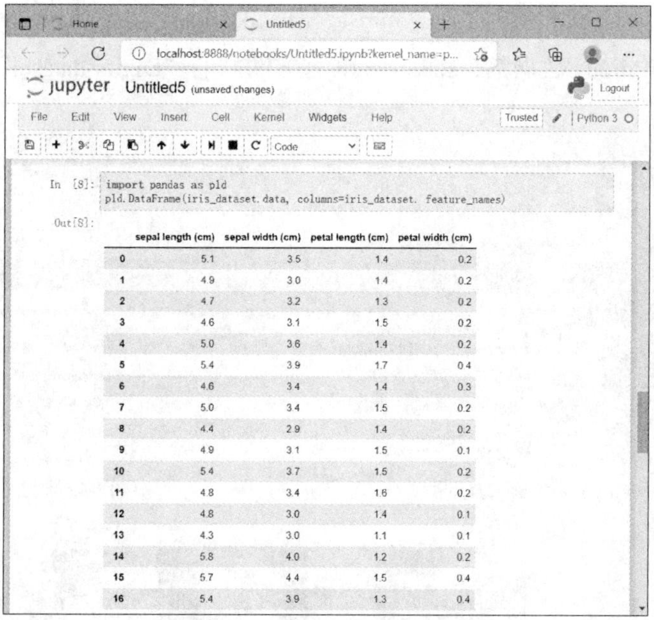

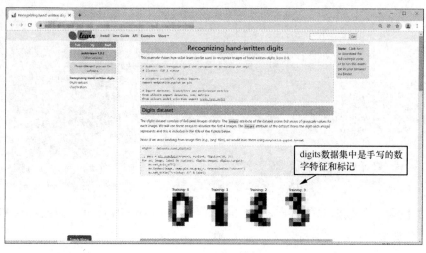

图 3   iris 数据集的结构

▶ 手写数字数据集

scikit-learn 之所以能够识别手写的数字（见图 4），主要是因为 scikit-learn 自带了 digits 这一手写数字数据集，digits 数据集中不是图片，而是经过提取得到的手写数字特征和标记。

图 4   digits 数据集

原始数据是从 lecun 网站得到的 mnist，但 scikit-learn 附带的 digits 数据集是 mnist 的简易版。关于 digits 数据集，scikit-learn 官方网站的"Digits dataset"页面上有详细说明（见图 5）。

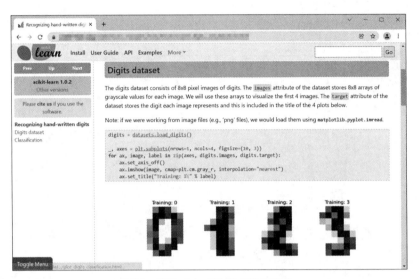

图 5　关于 digits 数据集的详细说明

接下来首先加载 digits 数据集。

```
In [9] :from sklearn.datasets import load_digits
        digits = load_digits()
```

然后显示 digits 数据集中的数据及其维度。

```
In [10]: print(digits.data)
        [[ 0. 0. 5. ..., 0. 0. 0.]
         [ 0. 0. 0. ..., 10. 0. 0.]
         [ 0. 0. 0. ..., 16. 9. 0.]
         ...,
         [ 0. 0. 1. ..., 6. 0. 0.]
         [ 0. 0. 2. ..., 12. 0. 0.]
         [ 0. 0. 10. ..., 12. 1. 0.]]

In [11]: print(digits.data.shape)
        (1797, 64)
```

上面的每一条数据都是由 $8 \times 8 = 64$ 个值组成的 NumPy 序列，数据总共 1797 条，这 1797 条数据的正确答案标签（$0 \sim 9$）则保存在 target 中。

```
In [12]: print(digits.target)
         [0 1 2 ..., 8 9 8]
```

大家现在应该已经大致了解 digits 是怎样的数据集。

当浏览 scikit-learn 官方网站上的 "The Digits Dataset" 页面时，就会发现 digits.images 中存在 8 × 8 像素的数据，因此我们可以在学习 matplotlib 的同时，试着使用 imshow 函数绘制图像（见图 6）。

```
In [13]: import matplotlib.pyplot as plt

         # 绘制3×3英寸（1英寸约等于2.54cm）的新窗口
         plt.figure(figsize=(3, 3))

         # 使用imshow函数绘制图像
         # 为cmap指定彩图的灰度
         plt.imshow(digits.images[0], cmap=plt.cm.gray_r)
         plt.show()
```

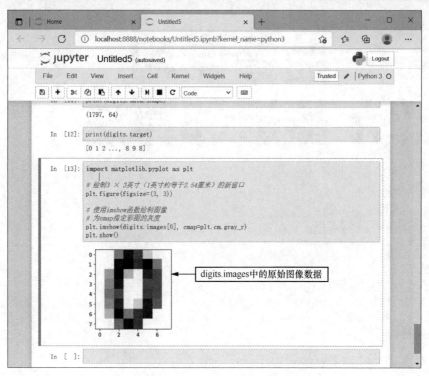

图 6　显示 digits.images 中的原始图像数据

今天就到这里。明天我们将使用 digits 数据集对机器学习算法进行测试。

第**3**天

监督学习
（*k* 最近邻算法）

第1部分
了解 *k* 最近邻算法

今天，我们开始使用机器学习算法来首次挑战机器学习，此次使用的是 *k* 最近邻算法。

k 最近邻（*k*-nearest neighbor）算法是机器学习中用于解决分类问题的监督学习算法。

所谓分类问题，就是将学习数据分到称为"类别"的分组中，并预测测试数据会被归到哪个类别。

为什么要选择尝试 *k* 最近邻算法呢？一是因为这种算法简单易懂，二是因为机器学习入门书籍中通常会介绍这种算法。

下面我们说明使用 *k* 最近邻算法的学习模型是如何进行预测的。首先，将学习数据与正确答案的标签一起配置在向量空间中。由于是监督学习，因此需要正确答案的标签（见图 1）。

接下来，将给出的数据作为特征向量，对附近的带有正确答案标签的数据进行分类（见图 2）。

这就是 *k* 最近邻算法的基础学习模型。最后，在不告知正确答案标签的情况下，将待预测的数据提供给学习模型（见图 3）。

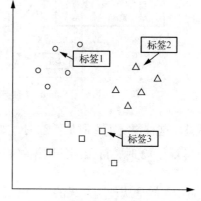

图 1 *k* 最近邻算法的思想（一）

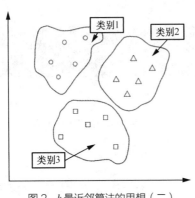

图2 *k*最近邻算法的思想（二）　　　　图3 *k*最近邻算法的思想（三）

学习模型会根据给定数据与已有类别的距离来预测数据属于哪个类别。在 *k* 最近邻算法中，学习模型是根据"最近的 *k* 个点在哪个类别中最多"这一原则来决定数据所属类别的。

例如，假设 *k* 为 6，那么待预测的数据将属于类别 3（见图 4）。

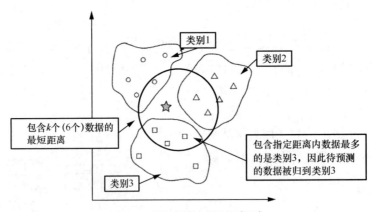

图4 *k*最近邻算法的思想（四）

不过，这种情况下 *k* 值是任意的，如果 *k* 值变了，那么预测结果也可能发生改变。例如，当 *k* 为 12 时，待预测的数据将被归到类别 1（见图 5）。

因此，*k* 值是从预测结果的正确率中求出的最合适的数据个数。

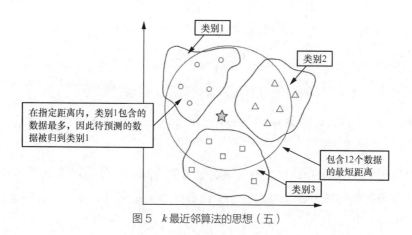

图 5　k 最近邻算法的思想（五）

第 2 部分

第 3 天

数据划分

为了判断生成的学习模型的预测准确率，我们需要将 iris 数据集中的数据分为训练数据和测试数据。如果错将训练数据用于测试，那么由于都是已知数据，因此预测准确率虽然很高，但却不真实。

顺便提一下，将学习数据划分为训练数据和测试数据以反复学习和测试的方法称为"交叉验证"。

划分数据时，需要使用 scikit-learn 中的 train_test_split 函数，该函数的语法格式如图 1 所示（注意，**options 表示一些可选参数，如 test_size、random_state、shuffle 等）。

model_selection.train_test_split(*arrays, **options)	
参数	说明
*arrays	训练用的特征矩阵、评估用的特征矩阵、训练用的目标变量、评估用的目标变量
test_size	测试数据的大小（1 表示 100%）
random_state	随机数生成器使用的种子值
shuffle	是否打乱数据（默认为 True，表示打乱数据）
返回值	划分后的数据

图 1　train_test_split 函数的语法格式

使用 train_test_split 函数既可以随机打乱数据集，也可以按希望的比例对数据集进行划分。

接下来我们划分 iris 数据集。为此，首先读取 iris 数据集。

```
In [1]: from sklearn.datasets import load_iris
        iris_dataset = load_iris()
```

然后使用 train_test_split 函数将 iris 数据集中的数据划分为训练数据和测试数据，划分后的子数据集如下（在 scikit-learn 中，数据用大写字母表示，正确答案的标签用小写字母表示）。

- X_train：训练用数据。
- X_test：测试用数据。
- y_train：训练用正确答案的标签。
- y_test：测试用正确答案的标签。

这里将 iris 数据集中 70% 的数据用作训练数据，而将剩余 30% 的数据用作测试数据。

```
In [2]: from sklearn.model_selection import train_test_split
        X_train, X_test, y_train, y_test = train_test_split(iris_dataset['data'],
        iris_dataset['target'], test_size=0.3, random_state=0)
```

由于参数 test_size 为 0.3，因此测试用的数据占所有数据的 30%，剩下 70% 则是训练用的数据。要想确认数据划分是否正确，只需要将训练数据集 X_train 用 Pandas 的 DataFrame 显示出来，就会发现里面包含 105 个数据，并且数据的顺序已打乱。

```
In [3]: import pandas as pld
        pld.DataFrame(X_train, columns=iris_dataset.feature_names)
Out[3]:
        sepal length (cm)   sepal width (cm)   petal length (cm)   petal width (cm)
0  5.0                  2.0                3.5                 1.0
1  6.5                  3.0                5.5                 1.8
2  6.7                  3.3                5.7                 2.5
...

105 rows × 4 columns
```

测试数据集 X_test 则包含剩下的 45 个数据。

```
In [4]: pld.DataFrame(X_test, columns=iris_dataset.feature_names)
Out[4]:
        sepal length (cm)   sepal width (cm)   petal length (cm)   petal width (cm)
0       5.8                 2.8                5.1                 2.4
1       6.0                 2.2                4.0                 1.0
2       5.5                 4.2                1.4                 0.2
   . . .
44      5.4                 3.7                1.5                 0.2
```

下面我们再确认一下正确答案的标签是否划分正确。

```
In [5]: y_train
Out[5]: array([1, 2, 2, 2, 2, 1, 2, 1, 1, 2, 2, 2, 2, 1, 2, 1, 0, 2, 1, 1, 1,
        1, 2, 0, 0, 2, 1, 0, 0, 1, 0, 2, 1, 0, 1, 2, 1, 0, 2, 2, 2, 2,
        0, 0, 2, 2, 0, 2, 0, 2, 2, 0, 0, 2, 0, 0, 0, 1, 2, 2, 0, 0, 0,
        1, 1, 0, 0, 1, 0, 2, 1, 2, 1, 2, 0, 2, 0, 0, 2, 0, 2, 1, 1,
        1, 2, 2, 1, 1, 0, 1, 2, 2, 0, 1, 1, 1, 1, 0, 0, 0, 2, 1, 2, 0])

In [6]: y_test
Out[6]: array([2, 1, 0, 2, 0, 2, 0, 1, 1, 1, 2, 1, 1, 1, 1, 0, 1, 1, 0, 0, 2,
        1, 0, 0, 2, 0, 0, 1, 1, 0, 2, 1, 0, 2, 2, 1, 0, 1, 1, 1, 2, 0, 2, 0, 0])
```

可以看出，正确答案的标签也得到了正确划分。

第3天   第3部分
绘制散点图

下面我们使用散点图绘制 k 最近邻算法的数据集，从而根据 iris 数据集中数据的 4 个特征（花萼的长度和宽度以及花瓣的长度和宽度），通过可视化方式确认是否可以对鸢尾花进行分类。

如果查看散点图的绘制代码，就可以发现彩图是使用 mglearn 库指定的。

虽然 mglearn 是 matplotlib 的辅助库，但它却没有包含在 Anaconda 中。因此，我们需要在 Anaconda Prompt 中使用 pip 工具安装 mglearn 库。

启动 Anaconda Prompt，然后输入 pip install mglearn 命令。

```
(C:\ProgramData\Anaconda3) C:\Users\User>pip install mglearn
Collecting mglearn
Downloading mglearn-0.1.6.tar.gz (541 KB)
100% |
   | 542 KB  6.5 MB/s
. . .
Successfully built mglearn
Installing collected packages: mglearn
Successfully installed mglearn-0.1.6

(C:\ProgramData\Anaconda3) C:\Users\User>
```

安装 mglearn 库之后，返回 Jupyter Notebook 并导入 mglearn 库。此外，我们还需要导入 matplotlib.pyplot，只有这样才能绘制散点图。

```
In [1]:import mglearn
        import matplotlib.pyplot as plt
```

接下来从 X_train 训练数据集创建 DataFrame。

```
In [2]:iris_dataframe = pld.DataFrame(X_train, columns=iris_dataset.feature_names)
```

为了绘制散点图，我们需要使用 pandas.tools.plotting 模块中的 scatter_matrix 函数生成绘图数据。scatter_matrix 函数的语法格式参见图 1（注意，**kwds 表示一些可选参数，如 s、cmap 等）。

```
pandas.tools.plotting.scatter_matrix(frame, alpha=0.5, figsize=None, ax=None,
grid=False, diagonal='hist', marker='.', density_kwds=None, hist_kwds=None, **kwds)
```

参数	说明
frame	Pandas DataFrame
alpha	透明度，取值范围为 0（完全透明）～1（完全不透明）
s	范围大小（默认为 20）
figsize	窗口大小（单位为英寸）
marker	标记形式
hist_kwds	传递给直方图（hist 函数）的关键字
cmap	彩图
返回值	k 最近邻算法的学习模型

图1　scatter_matrix 函数的语法格式

使用 scatter_matrix 函数可以创建一系列变量的配对图，配对图可以转换为散点图。另外，在彩图的指定上，每个标签都可以使用 mglearn 的 3 种颜色来着色。

接下来我们使用 scatter_matrix 函数绘制散点图。

```
In [3]: from pandas.plotting import scatter_matrix
        grr = scatter_matrix(iris_dataframe, c=y_train, figsize=(15, 15), marker='o',
        hist_kwds={'bins': 20}, s=60, alpha=.8, cmap=mglearn.cm3)
        plt.show()
```

如图 2 所示，鸢尾花的 3 个品种（Setosa、Versicolour 和 Virginica）已按照标签着色，在根据花萼和花瓣的测试结果进行划分后，就可以对鸢尾花进行分类了。

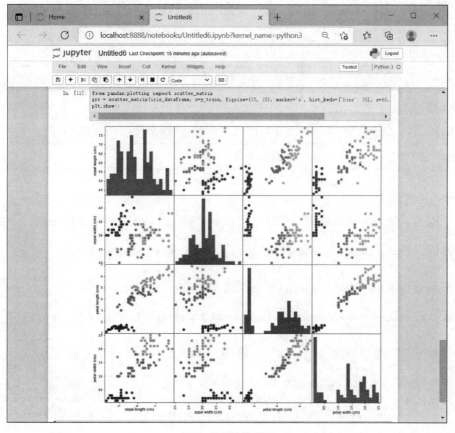

图 2　绘制的散点图

第3天

第4部分
构建机器学习模型

准备好数据之后，下面我们使用 k 最近邻算法构建用于分类的学习模型。scikit-learn 中的 KNeighborsClassifier 分类器实现了 k 最近邻算法，其语法格式如图1所示。

```
sklearn.neighbors.KNeighborsClassifier(n_neighbors=5, weights='uniform',
algorithm='auto', leaf_size=30, p=2, metric='minkowski', metric_params=None,
n_jobs=1, **kwargs)
```

参数	说明
n_neighbors	指定 k 的值（默认为5）
weights	预测时使用的权重函数
algorithm	用于计算最近邻域的算法
n_jobs	并行作业的数量，值为 −1 时表示可用 CPU 的数量
返回值	k 最近邻算法的学习模型

图1 KneighborsClassifier 分类器的语法格式

下面演示如何从训练数据中构建学习模型。首先导入 KneighborsClassifier 分类器。

```
In [1]: from sklearn.neighbors import KNeighborsClassifier
```

然后创建 KNeighborsClassifier 对象，此处 k 的值为1。

```
In [2]: knn = KNeighborsClassifier(n_neighbors=1)
```

这样学习模型就构建好了。最后，使用 fit 函数读取训练数据并进行学习。

```
In [3]: knn.fit(X_train, y_train)
Out[3]:KNeighborsClassifier(algorithm='auto', leaf_size=30, metric='minkowski',
       metric_params=None, n_jobs=1, n_neighbors=1, p=2, weights='uniform')
```

上面显示了生成的 KNeighborsClassifier 对象的参数。除 n_neighbors 为 1 以外，其他参数使用的都是默认值。这样模型的训练过程就结束了。

现在我们从训练数据集中取出一些数据以确认模型是否进行了正确学习。

首先创建一个新的数组，其中的元素为鸢尾花的花萼长度、花萼宽度、花瓣长度和花瓣宽度（这些数据都符合鸢尾花品种 Setosa 的特征）。

```
In [4]: import numpy as np
        X_new = np.array([[5.0, 2.9, 1.0, 0.2]])
```

然后预测这个数组所代表鸢尾花的品种。

```
In [4]: prediction1 = knn.predict(X_new)
```

预测结果将被返回给 prediction1。下面显示模型预测的标签结果。

```
In [5]: print(iris_dataset['target_names'][prediction1])
        ['setosa']
```

结果表明模型能够做出正确的预测。

接下来我们使用其他数据进行确认。

```
In [6]: X_new = np.array([[6.0, 2.7, 5.1, 1.6]])
        prediction1 = knn.predict(X_new)
        print(iris_dataset['target_names'][prediction1])
        ['virginica']
```

结果也正确。大家也许注意到，以上数据都是从训练数据集中取出的，因此预测结果都应该是正确的。

接下来我们使用测试数据计算模型的预测准确率。为此，首先为模型准备测试数据。

```
In [7]: y_pred = knn.predict(X_test)
```

用来对测试数据进行预测的鸢尾花品种标签如下。

```
In [8]: y_pred
Out[8]: array([2, 1, 0, 2, 0, 2, 0, 1, 1, 1, 2, 1, 1, 1, 1, 0, 1, 1, 0, 0,
               2, 1, 0, 0, 2, 0, 0, 1, 1, 0, 2, 1, 0, 2, 2, 1, 0, 1, 1, 1,
               2, 0, 2, 0, 0])
```

那么正确答案的标签是什么呢?

```
In [9]: y_test
Out[9]: array([2, 1, 0, 2, 0, 2, 0, 1, 1, 1, 2, 1, 1, 1, 1, 0, 1, 1, 0, 0,
               2, 1, 0, 0, 2, 0, 0, 1, 1, 0, 2, 1, 0, 2, 1, 1, 0, 1, 1, 1,
               2, 0, 2, 0, 0])
```

其中有一处出现了错误。下面我们计算模型的预测准确率。

```
In [10]: np.mean(y_pred == y_test)
Out[10]:0.97777777777777775
```

也就是说，这个学习模型在测试数据上的预测准确率约为 97%。

然而，当我们在 k 为 3（n_neighbors=3）的情况下创建学习模型并读取测试数据时，预测准确率相同。原来 k 为 1 时的预测准确率约为 97%，看起来增大 k 值似乎没有多大效果。

k 最近邻算法是最简单易懂的机器学习算法，但它不太适用于大量且复杂的数据。我们明天尝试一下其他机器学习算法。

第4天

监督学习（其他相关的机器学习算法）

第4天 第1部分

感知机

机器学习入门书籍通常会介绍用于解决"分类"问题的逻辑斯谛回归、支持向量机和神经网络等算法。但无论是哪种算法，感知机算法基本一致。因此，我们首先来学习什么是感知机。

感知机分为简单感知机和多层感知机两种。多层感知机是与神经网络和深度学习相关的一种算法，我们明天再学。首先了解一下简单感知机。

▶ 简单感知机

简单感知机是一种将学习数据分为类别 1 或类别 2（1 或 0）的算法，这种分类又称为二值分类（见图 1）。

当与输入对应的输出和监督数据不同时，简单感知机将修改权重，然后进行下一次输入。如果与输入对应的输出和监督数据一致，那么权重不变。这就是反复寻找最适合权重的简单感知机。

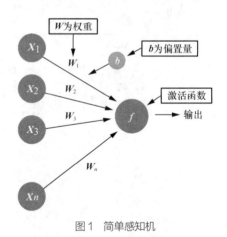

图 1 简单感知机

▶ 偏置

简单感知机中虽然存在与输入关联的权重，但在实际计算中，往往需要在权重的基础上加上偏置量，以使权重向特定的方向偏斜，偏置量在学习过程中是可以进行调整的。

▶ 激活函数

激活函数用来决定当输入信号达到多少时才输出。一般来说，简单感知机会输出 1 或 0，因此可以使用阶梯函数作为激活函数。

下面首先使用 Python 实现阶梯函数，然后利用 matplotlib 绘制图表（见图 2）。

```
In [1]: import numpy as np
        import matplotlib.pyplot as plt
        %matplotlib inline

        x = np.arange(-5.0, 5.0 , 0.1)
        y = np.array(x > 0)
        plt.plot(x, y)
        plt.ylim(-0.1, 1.1)
        plt.show()
```

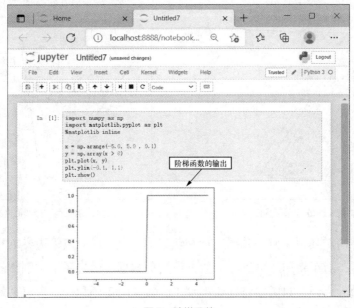

图2　阶梯函数

▶ 简单感知机的工作原理

下面我们简单介绍一下简单感知机是如何对数据进行分类的。

观察图 3 中将类别 1 和类别 2 分成两部分的直线，这种直线称为"决策边界"，能够通过直线划分类别的情况称为"线性可分"。

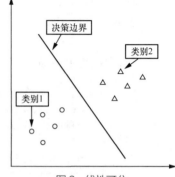

图 3　线性可分

当输入未知数据时，决策边界决定数据被分到类别 1 还是类别 2。因此，为了画出决策边界，我们需要求权重向量系数。

求权重向量系数的方法是，首先设定最佳的决策边界，并根据决策边界将整个区域分为正侧和负侧（见图 4），其中用来判断是正侧还是负侧的函数称为"识别函数"。因此，决策边界有时也称为"识别面"。接下来，将负侧的数据翻转移到正侧（见图 5）。

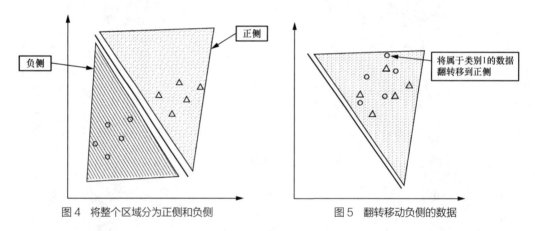

图 4　将整个区域分为正侧和负侧　　　　图 5　翻转移动负侧的数据

这样，即使对其中一侧的数据进行翻转移动，也不会对决策边界本身产生任何影响。也就是说，对于将属于类别 1 的数据设为负数据，而将属于类别 2 的数据设为正数据的决策边界来说，只需要将属于类别 1 的数据向正侧翻转，求出"能将权重向量设为法线向量的直线"即可（见图 6）。

为了画出"能将权重向量设为法线向量的直线"，需要求权重向量系数，这个系数又称为决策边界的导出参数。

那么，为了通过简单感知机得到决策边界，如何才能得到权重向量系数呢？首先，将带有标签 1 的数据归到类别 1（决策边界的负侧），而将带有标签 2 的数据归到类别 2（决策边界的正侧）。

然后准备好合适的系数，画出临时的决策边界（见图 7）。

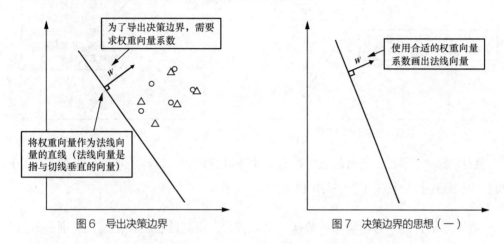

图 6　导出决策边界　　　　　　　　　　　图 7　决策边界的思想（一）

接下来读取学习数据，如果带有标签 1，就将其设置为翻转值。

最后，判断读取的学习数据位于临时决策边界的正侧还是负侧。如果位于正侧，则权重向量系数保持不变（见图 8）。

但是，如果读取的数据位于临时决策边界的负侧（见图 9），则改变权重向量系数，并通过旋转斜率将数据翻转移到正侧（见图 10）。

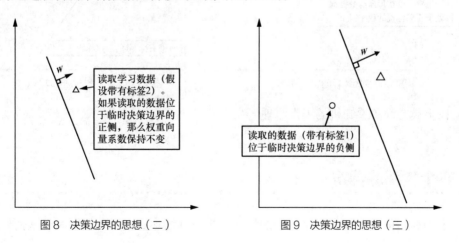

图 8　决策边界的思想（二）　　　　　　　图 9　决策边界的思想（三）

就像上面这样，一边读取学习数据，一边调整权重向量系数（见图11）。

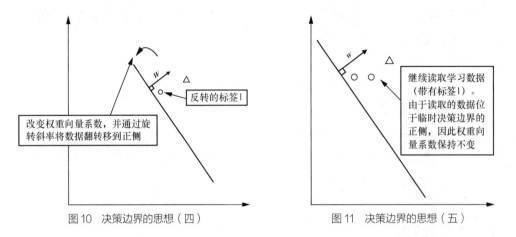

图10 决策边界的思想（四）

图11 决策边界的思想（五）

数据读取完毕后，所有的数据都将处于正确的位置，这样就可以画出"将权重向量作为法线向量的直线了"（见图12）。

将发生翻转的带有标签1的数据再次翻转后，得到的直线就是能将类别一分为二的决策边界（见图13）。

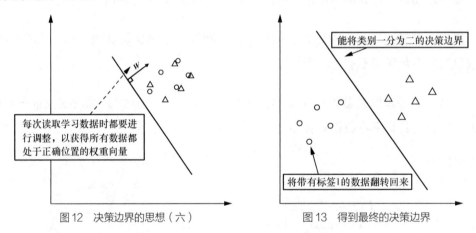

图12 决策边界的思想（六）

图13 得到最终的决策边界

以上就是简单感知机的工作原理。

▶ 多个类别的情况

上面介绍的是只存在两个类别的情况，当类别增加到3个及以上时，就需要画出很多决策边界，参见图 14。

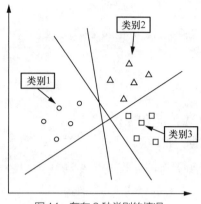

图14　存在3种类别的情况

第2部分
scikit-learn感知机

在了解感知机的工作原理之后，下面我们来对 iris 数据集进行机器学习。scikit-learn 提供的 linear_model.Perceptron 中已经安装了感知机，语法格式如图 1 所示。

```
Perceptron(penalty = None, alpha = 0.0001, fit_intercept = True, max_iter
= None, tol = None, shuffle = True, verbose = 0, eta0 = 1.0, n_jobs = 1,
random_state = 0, class_weight = None, warm_start = False, n_iter = None)
```

参数	说明
max_iter	对训练数据的最大尝试次数（又称 epoch），这是 scikit-learn 0.19 版本新增的功能（推荐）
n_iter	对训练数据的尝试次数（不推荐）
eta0	更新时乘以的常数
shuffle	是否将训练数据扰乱
random_state	扰乱训练数据时伪随机数生成器的种子

图1　linear_model.Perceptron 的语法格式

在使用 linear_model.Perceptron 生成学习模型后，测试生成的学习模型是否能够识别 iris 数据集。为此，首先读取 iris 数据集。

```
In [1]: from sklearn.datasets import load_iris
        iris_dataset = load_iris()
```

和上次一样，使用 train_test_split 函数对 iris 数据集中的数据进行划分。

- X_train：训练用数据（占 70%）。
- X_test：测试用数据（占 30%）。
- y_train：训练用正确答案的标签（占 70%）。
- y_test：测试用正确答案的标签（占 30%）。

```
In [2]: from sklearn.model_selection import train_test_split
        X_train, X_test, y_train, y_test = train_test_split(iris_dataset['data'],
        iris_dataset['target'], test_size=0.3, random_state=0)
```

这一次，我们尝试对数据进行"归一化"（标准化）处理。通过对数据进行归一化，既可以控制数据的波动，又便于操作数据。此处，将平均值调整为 0，将方差调整为 1。因此，数据大多位于 x 坐标 0 附近，具体分布在 x 坐标 -1 和 1 之间。

```
In [3]: from sklearn.preprocessing import StandardScaler
        sc = StandardScaler()

        # 在StandardScaler中设置数据集
        sc.fit(X_train)

        # 归一化数据集
        X_train = sc.transform(X_train)
        X_test = sc.transform(X_test)
```

感知机会一点点改变权重向量 *w* 并最优化作为决策边界的直线。参数 eta0 决定了一次倾斜的量的大小，其值越小，越容易达到最佳值，达到最佳值的状态称为"收敛"。

但是，如果每次倾斜的量很小，则需要多次尝试，尝试次数的增加会导致处理速度变慢。此处将最大尝试次数 max_iter 设为 100，将 eta0 设为 0.1。建议多执行几次，以使参数值更有效。

```
In [4]: from sklearn.linear_model import Perceptron
        ppn = Perceptron(max_iter=100, eta0=0.1, random_state=0, shuffle=True)
```

```
        ppn.fit(X_train, y_train)
Out[4]:Perceptron(alpha=0.0001,class_weight=None,eta0=0.1,fit_intercept=True,
       max_iter=100, n_iter=None, n_jobs=1, penalty=None, random_state=0,
       shuffle=True, tol=None, verbose=0, warm_start=False)
```

这样学习过程就结束了。下面测试模型的预测准确率。

```
In [5]: y_pred = ppn.predict(X_test)
        import numpy as np
        np.mean(y_pred == y_test)

Out[5]: 0.97777777777777775
```

即使是感知机，其预测准确率也与 k 最近邻算法差不多。

接下来，我们尝试求取误分类的数据有多少。

```
In [6]: print('误分类: %d' % (y_test != y_pred).sum())
Out[6]: 误分类: 1
```

与目测结果差不多，有一个数据发生了误分类。这里虽然在计算模型的预测准确率时使用了 NumPy 的 mean 函数，但 sklearn.metrics 提供了另一个名为 accuracy_score 的函数，用它也可以返回模型的预测准确率。

```
In [7]: from sklearn.metrics import accuracy_score
        print('预测准确率: %.2f' % accuracy_score(y_test, y_pred))
        预测准确率: 0.98
```

模型的预测准确率达到 98%，仅从结果看，如果是 iris 数据集，使用感知机就足够了。

▶ 非线性可分

虽然我们已经知道通过感知机可以分离出不同的类别，但这里又有一个问题：数据并不总是线性可分的。如果数据非线性可分，又该怎么办呢？观察图 2 所示的数据。

像这种情况，决策边界将会是一条曲线。当数据混杂在一起时，是无法使用直线进行分类的，这种情况称为"非线性可分"。

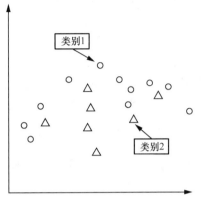

图2　数据非线性可分

本书接下来将要介绍的逻辑斯谛回归和支持向量机就是用来解决非线性可分问题的。

第3部分
逻辑斯谛回归

逻辑斯谛回归使用概率而不是 0 或 1（正或负）进行类别判断。例如，判断给定数据属于类别 1 的概率为 80%，不属于类别 1 的概率为 20%。也就是说，即使存在正确的可能性，在概率较低的情况下也可以修正决策边界的权重向量。

在逻辑斯谛回归中，虽然可以按照概率来分离类别，但如果按照实际数据来计算概率的话，则有可能得到 −150% 甚至 1200% 的概率。

可利用 sigmoid 函数将数据压缩到 0% ~ 100% 的范围内（见图 1）。

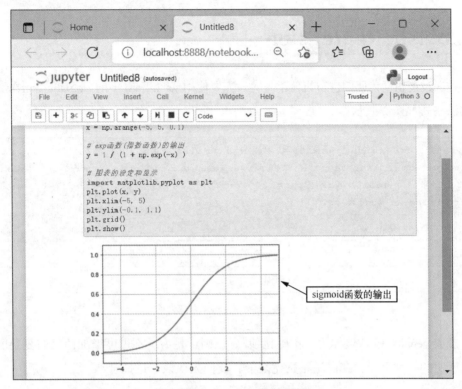

图 1 利用 sigmoid 函数压缩数据

```
In [1]:  # x的值(取值范围为-5~5，刻度为0.1)
         import numpy as np
         x = np.arange(-5, 5, 0.1)
         # exp函数(指数函数)的输出
         y = 1 / (1 + np.exp(-x) )

         # 图表的设定和显示
         import matplotlib.pyplot as plt
         plt.plot(x, y)
         plt.xlim(-5, 5)
         plt.ylim(-0.1, 1.1)
         plt.grid()
         plt.show()
```

sigmoid 函数的输出会在 0 和 1 之间平滑变动。也就是说，只要将 sigmoid 函数放在中间，输出就总是处于 0 和 1 之间，0.5 判断为 50%，0.8 判断为 80%。

▶ LogisticRegression

在通过逻辑斯谛回归进行机器学习时，需要使用 scikit-learn 中的 LogisticRegression，其语法格式如图 2 所示。

```
LogisticRegression(penalty='l2', dual=False, tol=0.0001, C=1.0, fit_
intercept=True, intercept_scaling=1, class_weight=None, random_state=None,
solver='liblinear', max_iter=100, multi_class='ovr', verbose=0, warm_
start=False, n_jobs=1)
```

参数	说明
penalty	正则化的种类（默认为 L2 范数正则化）
C	正则化的强度

图 2　LogisticRegression 的语法格式

参数 penalty 和 C 被称为"正则化项"。正则化是为了不过度增加模型的复杂度而设置惩罚的一种手段，在讨论正则化之前，我们先谈谈"过拟合"。

所谓"过拟合"，是指因无限匹配学习数据，而在给出测试数据（未知数据）时发生准确度下降的现象。为了避免过拟合，比较好的做法是对模型进行正则化处理。

表示模型复杂度的指标有"L1 范数正则化"和"L2 范数正则化"。作为系的参数 C 的值越大，正则化的作用就越强。

下面我们尝试不使用这些参数（不进行正则化）进行机器学习，并且使用的是 digits 数据集而非 iris 数据集。步骤和之前完全一样。

首先读取 digits 数据集。

```
In [2]: # 读取digits数据集
        from sklearn.datasets import load_digits
        digits = load_digits()
```

然后对 digits 数据集中的数据进行划分。

- X_train：训练用数据（占 70%）。

- X_test：测试用数据（占 30%）。

- y_train：训练用正确答案的标签（占 70%）

- y_test：测试用正确答案的标签（占 30%）。

```
In [3]: from sklearn.model_selection import train_test_split
        X_train, X_test, y_train, y_test = train_test_split(digits['data'],
        digits['target'], test_size=0.3, random_state= 0)
```

接下来生成逻辑斯谛回归学习模型以进行机器学习。

```
In [4]: from sklearn.linear_model import LogisticRegression
        logreg = LogisticRegression()
        logreg_model = logreg.fit(X_train, y_train)
```

最后使用测试数据进行预测。

```
In [5]: pred = logreg.predict(X_test)
```

学习过程结束后，计算逻辑斯谛回归学习模型的预测准确率。

```
In [6]: pred = logreg.predict(X_test)
        import numpy as np
        np.mean(pred == y_test)
```

```
Out[6]: 0.95370370370370372
```

下面试着显示测试用的正确答案的标签。

```
In [7]: print(y_test)
        [2 8 2 6 6 7 1 9 8 5 2 8 6 6 6 6 1 0 5 8 8 7 8 4 7 5 4 9 2 9 4 7 6 8
         9 4 3 1 0 1 8 6 7 7  1 0 7 6 2 1 9 6 7 9 0 0 5 1 6 3 0 2 3 4 1 9 2
         6 9 1 8 3 5 1 2 8 2 2 9 7 2 3 6 0 5 3 7 5 1 2 9 9 3 1 7 7 4 8 5 8 5
         5 2 5 9 0 7 1 4 7 3 4 8 9 7 9 8 2 6 5 2 5 8 4 8 7 0 6 1 5 9 9 9 5 9
         9 5 7 5 6 2 8 6 9 6 1 5 1 5 9 9 1 5 3 6 1 8 9 8 7 6 7 6 5 6 0 8 8 9
         8 6 1 0 4 1 6 3 8 6 7 4 5 6 3 0 3 3 3 0 7 7 5 7 8 0 7 8 9 6 4 5 0 1
         4 6 4 3 3 0 9 5 9 2 1 4 2 1 6 8 9 2 4 9 3 7 6 2 3 3 1 6 9 3 6 3 2 2
         0 7 6 1 1 9 7 2 7 8 5 5 7 5 2 3 7 2 7 5 5 7 0 9 1 6 5 9 7 4 3 8 0 3
         6 4 6 3 2 6 8 8 8 4 6 7 5 2 4 5 3 2 4 6 9 4 5 4 3 4 6 2 9 0 1 7 2 0
         9 6 0 4 2 0 7 9 8 5 4 8 2 8 4 3 7 2 6 9 1 5 1 0 8 2 1 9 5 6 8 2 7 2
         1 5 1 6 4 5 0 9 4 1 1 7 0 8 9 0 5 4 3 8 8 6 5 3 4 4 4 8 8 7 0 9 6 3
         5 2 3 0 8 3 3 1 3 3 0 0 4 6 0 7 7 6 2 0 4 4 2 3 7 8 9 8 6 8 5 6 2 2
         3 1 7 7 8 0 3 3 2 1 5 5 9 1 3 7 0 0 7 0 4 5 9 3 3 4 3 1 8 9 8 3 6 2
         1 6 2 1 7 5 5 1 9 2 8 9 7 2 1 4 9 3 2 6 2 5 9 6 5 8 2 0 7 8 0 5 8 4
         1 8 6 4 3 4 2 0 4 5 8 3 9 1 8 3 4 5 0 8 5 6 3 0 6 9 1 5 2 2 1 9 8 4
         3 3 0 7 8 8 1 1 3 5 5 8 4 9 7 8 4 4 9 0 1 6 9 3 6 1 7 0 6 2 9]]
```

下面试着显示预测的标签。

```
In [8]: print(pred)
        [2 8 2 6 6 7 1 9 8 5 2 8 6 6 6 6 1 0 5 8 8 7 8 4 7 5 4 9 2 9 4 7 6 8
         9 4 3 8 0 1 8 6 7 7   1 0 7 6 2 1 9 6 7 9 0 0 5 1 6 3 0 2 3 4 1 9 2
         6 9 1 8 3 5 1 2 8 2 2 9 7 2 3 6 0 5 3 7 5 1 2 9 9 3 1 4 7 4 8 5 9 5
         5 2 5 9 0 7 1 4 1 3 4 8 9 7 8 8 2 1 5 2 5 8 4 1 7 0 6 1 5 5 9 5 9 5
         9 5 7 5 6 2 8 6 9 6 1 5 1 5 9 9 1 5 3 6 1 8 9 8 7 6 7 6 5 6 0 8 8 9
         8 6 1 0 4 1 6 3 8 6 7 4 1 6 3 0 3 3 3 0 7 7 5 7 8 0 7 1 9 6 4 5 0 1
         4 6 4 3 3 0 9 5 3 2 1 4 2 1 6 9 9 2 4 9 3 7 6 2 3 3 1 6 9 3 6 3 2 2
         0 7 6 1 1 9 7 2 7 8 5 5 7 5 3 3 7 2 7 5 5 7 0 9 1 6 5 9 7 4 3 8 0 3
         6 4 6 3 2 6 8 8 8 4 6 7 5 2 4 5 3 2 4 6 9 4 5 4 3 4 6 2 9 0 6 7 2 0
         9 6 0 4 2 0 7 8 8 5 4 8 2 8 4 3 7 2 6 9 1 5 1 0 8 2 8 9 5 6 2 2 7 2
         1 5 1 6 4 5 0 9 4 1 1 7 0 8 9 0 5 4 3 8 8 6 5 3 4 4 4 8 8 7 0 9 6 3
         5 2 3 0 8 2 3 1 3 3 0 0 4 6 0 7 7 6 2 0 4 4 2 3 7 1 9 8 6 8 5 6 2 2
         3 1 7 7 8 0 9 3 2 6 5 5 9 1 3 7 0 0 3 0 4 5 9 3 3 4 3 1 8 9 8 3 6 3
         1 6 2 1 7 5 5 1 9 2 8 9 7 2 8 4 9 3 2 6 2 5 9 6 5 8 2 0 7 8 0 6 8 4
         1 8 6 4 3 4 2 0 4 5 8 3 9 1 8 3 4 5 0 8 5 6 3 0 6 9 1 5 2 2 1 9 8 4
         3 3 0 7 8 8 1 1 3 5 5 8 4 9 7 8 4 4 9 0 1 6 9 3 6 1 7 0 6 2 9]
```

与 iris 数据集不同，要通过目测来确认预测的正确答案和错误答案是十分困难的。我们可以使用 scikit-learn 中的 confusion_matrix 函数来确定正确答案有多少。

```
In [9]: from sklearn.metrics import confusion_matrix
        confusion_matrix(y_test, pred, labels=digits['target_names'])
Out[9]: array([[45,  0,  0,  0,  0,  0,  0,  0,  0,  0],
               [ 0, 47,  0,  0,  0,  0,  2,  0,  3,  0],
               [ 0,  0, 51,  2,  0,  0,  0,  0,  0,  0],
               [ 0,  0,  1, 52,  0,  0,  0,  0,  0,  1],
               [ 0,  0,  0,  0, 48,  0,  0,  0,  0,  0],
               [ 0,  1,  0,  0,  0, 55,  1,  0,  0,  0],
               [ 0,  1,  0,  0,  0,  0, 59,  0,  0,  0],
               [ 0,  1,  0,  1,  1,  0,  0, 50,  0,  0],
               [ 0,  3,  1,  0,  0,  0,  0,  0, 55,  2],
               [ 0,  0,  0,  1,  0,  1,  0,  0,  2, 53]], dtype=int64)
```

在二维数组中，每一行中索引 0 ~ 9 处的元素值是正确答案，每一行数据则是学习模型预测的数字。可以看出：0 值全部预测为 0，共 45 个；1 值中有 47 个预测为 1，有 2 个预测为 6，有 3 个预测为 8。

第4天

第4部分
支持向量机

支持向量机（Support Vector Machine，SVM）在二分类识别算法中比较强大，但难度也较大。

SVM 的典型特点是"边际最大化"和"内核技巧"。

"边际"是指从识别面到两个类别的距离，边际最大化意味着泛化能力达到最强（见图 1）。

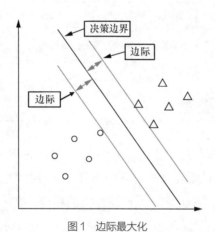

图1　边际最大化

即使学习模型不怎么学习，对测试数据（未知数据）的预测准确率也很高的现象称为"泛化能力强"。也就是说，SVM 是利用边际最大化来对未知数据进行高准确率判断的一种算法。

但是，边际最大化只对线性可分的数据有效。SVM 能够通过采用"内核技巧"来应对线性分离困难的挑战。

"内核技巧"用来在高维空间中进行线性分析，这不是以往的二维分析，而是映射成三维甚至四维进行线性分析。话虽如此，但由于解释起来比较困难，因此点到为止。

▶ svm.SVC

下面使用 svm.SVC 来构建能够进行非线性识别的学习模型，svm.SVC 的语法格式详见图 2。

```
svm.SVC(C = 1.0, kernel = 'rbf', degree = 3, gamma = 'auto', coef0 = 0.0, shrinking =
true, probability = false, tol = 0.001, cache_size = 200, class_weight = None, verbose
= False, max_iter = -1, decision_function_shape = 'ovr', random_state = None)
```

参数	说明
C	允许误分类的程度
kernel	内核类型（linear、poly、rbf、sigmoid、precomputed）
gamma	当内核类型为 rbf、poly、sigmoid 时使用

图 2　svm.SVC 的语法格式

▶ 使用SVM识别图像

机器学习的测试步骤与逻辑斯谛回归相同。此处的学习模型是使用 svm.SVC 生成的。参数 gamma=0.001 表示内核为 rbf（默认）时决策边界的复杂度，其值越大，决策边界越复杂。参数 C=100. 表示允许误分类的程度。

```
In [1]: from sklearn import svm
        clf = svm.SVC(gamma=0.001, C=100.)
```

生成学习模型后，就让模型开始学习。

```
In [2]: clf.fit(X_train, y_train)
        SVC(C=100.0, cache_size=200, class_weight=None, coef0=0.0,
        decision_function_shape='ovr', degree=3, gamma=0.001,
        kernel='rbf', max_iter=-1, probability=False, random_state=None,
        shrinking=True, tol=0.001, verbose=False)
```

学习结束后，测试学习模型的预测准确率。

```
In [3]: pred = clf.predict(X_test)
        import numpy as np
        np.mean(pred == y_test)

Out[3]: 0.9907407407407407
```

预测准确率似乎很高，下面确认各个数字的正确答案和错误答案。

```
In [4]: from sklearn.metrics import confusion_matrix
        confusion_matrix(y_test, pred, labels=digits['target_names'])
Out[4]: array([[45,  0,  0,  0,  0,  0,  0,  0,  0,  0],
               [ 0, 52,  0,  0,  0,  0,  0,  0,  0,  0],
               [ 0,  0, 52,  0,  0,  0,  0,  1,  0,  0],
               [ 0,  0,  0, 54,  0,  0,  0,  0,  0,  0],
               [ 0,  0,  0,  0, 48,  0,  0,  0,  0,  0],
               [ 0,  0,  0,  0,  0, 55,  1,  0,  0,  1],
               [ 0,  0,  0,  0,  0,  0, 60,  0,  0,  0],
               [ 0,  0,  0,  0,  0,  0,  0, 53,  0,  0],
               [ 0,  1,  0,  0,  0,  0,  0,  0, 60,  0],
               [ 0,  0,  0,  0,  0,  1,  0,  0,  0, 56]], dtype=int64)
```

结果有了很大提升，也许"SVM 最强说"是真的。

不过，由于参数调整和数据种类有可能导致不同的得分，因此其他算法有必要改变一下模式再测试。

明天，我们将尝试一下神经网络和无监督学习。

第5天

神经网络和聚类

神经网络

今天是此次讲座的最后一天，我们将尝试神经网络和 k 均值算法。我们从关于神经网络的解释开始。

▶ 形式神经元

神经网络是通过模仿人脑中的神经元（即神经细胞），而将多个程序连接起来的机器学习系统。

人脑中的神经元会因受到外部的各种电刺激而兴奋，并最终向其他神经元输出电信号，导致兴奋收敛。能够模仿这种神经元的程序称为"形式神经元"（或人工神经元），详见图1。

形式神经元相当于一个简单的程序，若输入（1或0）乘以权重后的总和超过一定的阈值，则输出1，否则输出0。通过计算来决定输出1还是0的函数则称为"激活函数"。

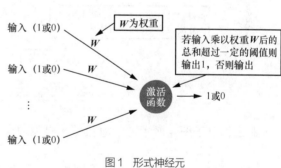

图1　形式神经元

实际上，昨天介绍的"简单感知机"就是利用这种形式的神经元进行机器学习的。

▶ 简单感知机

形式神经元的输入通常是 1 或 0，将输入与实数对应，并通过学习来更新权重的改良产物就是"简单感知机"。

简单感知机的结构与形式神经元相似，但其输入部分称为输入层，输出部分称为输出层，构成部分则称为神经元（见图2）。

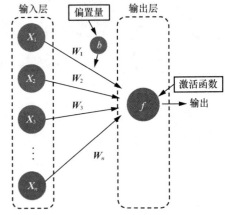

在简单感知机中，可通过学习将输入数据分为类别1或类别2（二值分类）。但是，由于决策边界使用的是直线，因此只能判别线性可分的数据。根据输入数据的不同，有时无法判断应该归到类别1还是类别2。简单感知机存在的这种不足称为"XOR问题"。

图2　简单感知机的结构

例如，假设数据和正确答案标签之间存在OR关系，此时便可从学习数据中画出图3所示的决策边界，从而将标签1分离为类别1，而将标签0分离为类别2。

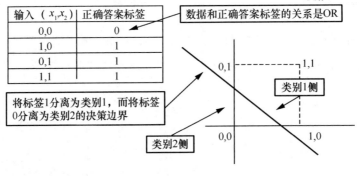

图3　XOR问题（一）

那么，对于图4所示的学习数据，决策边界又会怎样呢？

AND和NAND只是分离的类别相反，因此决策边界是一样的。

分析完OR、AND和NAND之后，最后分析一下XOR（见图5）。

就像这样，从XOR的学习数据中无法画出直线形式的决策边界，这就是简单感知机存在的"XOR问题"。

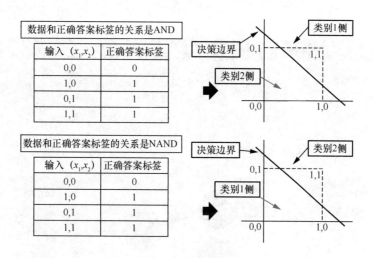

图 4　XOR 问题（二）

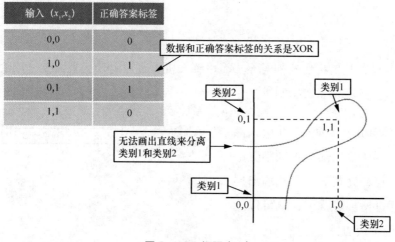

图 5　XOR 问题（三）

▶ 多层感知机

然而我们发现，只要将 OR、AND、NAND 的形式神经元叠加组合起来，就可以解决 XOR 问题了（见图 6）。

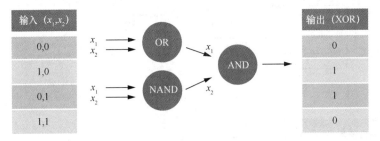

输入 (x_1, x_2)	OR	输入 (x_1, x_2)	NAND	输入 (x_1, x_2)	AND
0,0	0	0,0	1	0,0	0
1,0	1	1,0	1	1,0	0
0,1	1	0,1	1	0,1	0
1,1	1	1,1	0	1,1	1

图6　XOR 问题（四）

也就是说，只要将形式神经元（简单感知机）叠加组合起来，就可以绘制出复杂的决策边界，这就是多层感知机。

多层感知机包含输入层（输入部分）、输出层（输出部分）和隐藏层（又称中间层，处在输入层和输出层之间）。通过增加隐藏层，就可以绘制出复杂的决策边界（见图7）。

这种利用多层感知机的机器学习系统称为神经网络。

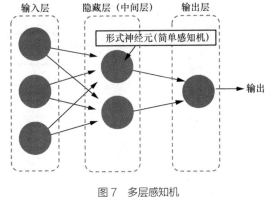

图7　多层感知机

▶ 多层感知机的激活函数

神经网络的激活函数先前使用的是逻辑斯谛回归中的 sigmoid 函数，最近使用的则是 ReLU（Rectified Linear Unit）函数。

在 ReLU 函数中，当输入大于 0 时，直接输入输出；当输入小于 0 时，则输出 0（见图 8）。

```
In [1]: import numpy as np
        import matplotlib.pyplot as plt
        %matplotlib inline

        # x的值(取值范围为-5~5，刻度为0.1)
        x = np.arange(-5.0, 5.0 , 0.1)

        # y的值(比较0和x元素的较大值)
        y = np.maximum(0, x)

        # 图表的设定和显示
        plt.plot(x, y)
        plt.ylim(-0.1, 1.1)
        plt.show()
```

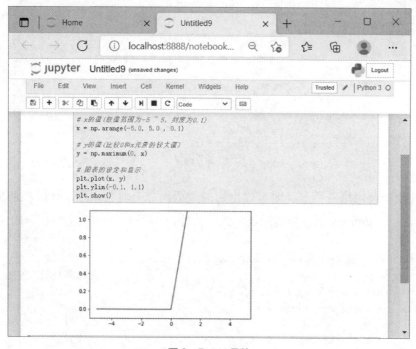

图 8　ReLU 函数

顺便提一下，直接输入输出的函数称为恒等函数（见图 9）。

```
In [2]: x = np.arange(-5.0, 5.0 , 0.1)
        y = x

        plt.plot(x, y)
        plt.show()
```

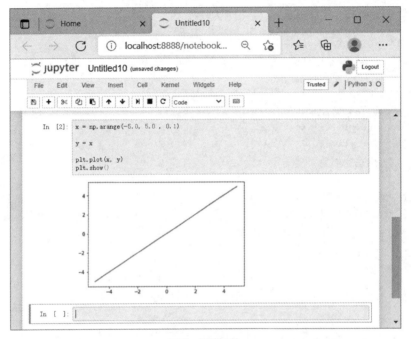

图9　恒等函数

在使用神经网络进行分类时，输出层的激活函数有时会采用 softmax 函数（归一化指数函数）。softmax 函数能够以概率的形式输出结果被分到哪一类（见图 10）。

```
In [3]: x = np.arange(-5.0, 5.0 , 0.1)
        exp_x = np.exp(x)
        sum_exp_x = np.sum(exp_x)
        y = exp_x / sum_exp_x

        plt.plot(x, y)
        plt.show()
```

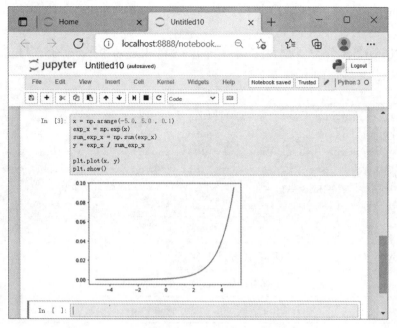

图 10   softmax 函数

▶ 误差反向传播

在简单感知机中，需要更新的权重向量只有一个；而在多层感知机中，根据感知机的判断顺序，需要更新的权重向量则会发生变化。

误差反向传播是一种比较知名的算法，这种算法支持通过反向追踪神经元来更新权重向量。

第5天 第2部分 MLPClassifier分类器

scikit-learn 从 0.18.0 版本开始就已经支持神经网络了。下面我们使用 scikit-learn

中的 MLPClassifier 分类器进行机器学习。

MLPClassifier 分类器是以多层解析器（MultiLayer Perceptron，MLP）的形式实现的，语法格式如图 1 所示。

```
MLPClassifier(hidden_layer_sizes=(100,), activation='relu', solver='adam',
alpha=0.0001, batch_size='auto', learning_rate='constant', learning_rate_
init=0.001, power_t=0.5, max_iter=200, shuffle=True, random_state=None,
tol=0.0001, verbose=False, warm_start=False, momentum=0.9, nesterovs_
momentum=True, early_stopping= False, validation_fraction=0.1, beta_1=0.9,
beta_2=0.999, epsilon=1e-08)
```

参数	说明
hidden_layer_sizes	隐藏层的数量以及神经元的数量
activation	激活函数：'identity'、'logistic'、'tanh' 或 'relu'
solver	优化手段：'lbfgs'、'sgd' 或 'adam'
alpha	L2 正则化的参数
learning_rate_init	权重学习率的初始值
learning_rate	权重学习率的更新方法：'constant'、'invscaling' 或 'adaptive'
max_iter	尝试次数的最大值
shuffle	每次重复学习时，是否扰乱学习数据
random_state	随机数的种子值
warm_start	当第二次调用 fit 函数时，是否继承学习过的权重

图1 MLPClassifier 分类器的语法格式

▶ 利用神经网络对鸢尾花进行分类

下面使用 MLPClassifier 分类器对 iris 数据集进行分类。为此，首先读取 iris 数据集，将其中的数据分为训练数据和测试数据。

```
In [1]: from sklearn.datasets import load_iris
        iris = load_iris()
        X = iris.data
```

```
            y = iris.target

            from sklearn.model_selection import train_test_split
            X_train, X_test, y_train, y_test = train_test_split(X, y, test_size=0.3,
            random_state=0)
```

然后利用 MLPClassifier 分类器生成学习模型并通过 fit 函数进行学习，fit 函数的所有参数使用的都是默认值。

```
In [2]: from sklearn.neural_network import MLPClassifier
        mlpc = MLPClassifier()
        mlpc.fit(X_train, y_train)
        C:\ProgramData\Anaconda3\lib\site-packages\sklearn\neural_network\
        multilayer_perceptron.py:564: ConvergenceWarning: Stochastic Optimizer:
        Maximum iterations (200) reached and the optimization hasn't converged yet.
        % self.max_iter, ConvergenceWarning)

Out[2]: MLPClassifier(activation='relu', alpha=0.0001, batch_size='auto', beta_1=0.9,
        beta_2=0.999, early_stopping=False, epsilon=1e-08,
        hidden_layer_sizes=(100,), learning_rate='constant',
        learning_rate_init=0.001, max_iter=200, momentum=0.9,
        nesterovs_momentum=True, power_t=0.5, random_state=None,
        shuffle=True, solver='adam', tol=0.0001, validation_fr
        action=0.1,verbose=False, warm_start=False)
```

这里出现了警告信息。下面尝试对测试数据进行分类并显示预测准确率。

```
In [3]: pred = mlpc.predict(X_test)
        import numpy as np
        np.mean(pred == y_test)
Out[3]: 0.9555555555555556
```

预测准确率好像有点低，看来警告信息中显示的参数 max_iter（尝试次数的最大值）在默认情况下的取值可能太小了。下面我们增大 max_iter 参数的值并再次进行学习。

```
In [4]: from sklearn.neural_network import MLPClassifier
        mlpc = MLPClassifier(max_iter=1000)
        mlpc.fit(X_train, y_train)
Out[4]: MLPClassifier(activation='relu', alpha=0.0001, batch_size='auto', beta_1=0.9,
        beta_2=0.999, early_stopping=False, epsilon=1e-08,
        hidden_layer_sizes=(100,), learning_rate='constant',
        learning_rate_init=0.001, max_iter=1000, momentum=0.9,
        nesterovs_momentum=True, power_t=0.5, random_state=None, shuffle=True,
        solver='adam', tol=0.0001, validation_fraction=0.1, verbose=False,
```

```
        warm_start=False)

In [5]: pred = mlpc.predict(X_test)
        import numpy as np
        np.mean(pred == y_test)
Out[5]: 0.97777777777777775
```

预测准确率提高了。由此可以看出，神经网络对默认参数值的设置要求非常严格。

▶ 简易手写数字的识别

下面使用 digits 数据集进行确认。为此，首先读取 digits 数据集，将其中的数据分为训练数据和测试数据。

```
In[6]: from sklearn.datasets import load_digits
       digits = load_digits()

       from sklearn.model_selection import train_test_split
       X_train, X_test, y_train, y_test = train_test_split(digits['data'],
       digits['target'], test_size=0.3, random_state=0)
```

然后利用 MLPClassifier 分类器生成学习模型，并通过 fit 函数学习。这一次将 fit 函数的 max_iter 参数设置为 1000。

```
In [7]: from sklearn.neural_network import MLPClassifier
        mlpc = MLPClassifier(max_iter=1000)
        mlpc.fit(X_train, y_train)
Out[7]: MLPClassifier(activation='relu', alpha=0.0001, batch_size='auto', beta_1=0.9,
        beta_2=0.999, early_stopping=False, epsilon=1e-08,
        hidden_layer_sizes=(100,), learning_rate='constant',
        learning_rate_init=0.001, max_iter=1000, momentum=0.9,
        nesterovs_momentum=True, power_t=0.5, random_state=None,
        shuffle=True, solver='adam', tol=0.0001, validation_fraction=0.1,
        verbose=False, warm_start=False)
```

学习过程结束后计算预测准确率。

```
In [8]: pred = mlpc.predict(X_test)
        import numpy as np
        np.mean(pred == y_test)
Out[8]: 0.97037037037037033
```

怎么样？感觉是不是结果比其他算法好一些？下面我们来看看这些数字具体是如何分类的。

```
In [9]: from sklearn.metrics import confusion_matrix
        confusion_matrix(y_test, pred, labels=digits['target_names'])
Out[9]: array([[45, 0, 0, 0, 0, 0, 0, 0, 0, 0],
               [ 0, 51, 0, 0, 0, 0, 0, 0, 1, 0],
               [ 0, 0, 52, 0, 0, 0, 0, 1, 0, 0],
               [ 0, 0, 0, 53, 0, 0, 0, 0, 1, 0],
               [ 0, 0, 0, 0, 47, 0, 0, 1, 0, 0],
               [ 0, 0, 0, 0, 0, 53, 2, 0, 0, 2],
               [ 0, 1, 0, 0, 0, 0, 59, 0, 0, 0],
               [ 0, 0, 0, 0, 0, 0, 53, 0, 0],
               [ 0, 2, 0, 0, 0, 1, 0, 0, 56, 2],
               [ 0, 0, 0, 0, 0, 1, 0, 1, 0, 55]], dtype=int64)
```

此处需要一边改变各种参数，一边调查容易出错的数据特征并试错。但可以确定的是，使用 scikit-learn 能够在几乎相同的代码中简单地尝试包括神经网络在内的各种机器学习算法，因此 scikit-learn 很受欢迎。

第5天 第3部分
无监督学习

到目前为止，我们使用 scikit-learn 尝试的各种机器学习算法都是在学习数据上添加正确答案标签的监督学习。下面我们来挑战另一种机器学习——无监督学习。

与通过回归和分类进行预测不同，无监督学习是一种从无标签的学习数据中分析数据特征的机器学习方法，相关算法包括聚类分析、主成分分析等，这里我们将要研究的是聚类分析（又称聚类算法）。

▶ 聚类算法

聚类算法大致可以分为层级型聚类算法和非层级型聚类算法两大类。下面我们将尝试众多聚类算法在 scikit-learn 中的实现，重点介绍简单易懂的 k 均值聚类（k-means clustering）算法，简称 k 均值算法。

▶ *k均值算法*

k 均值算法是一种非层级型聚类算法。非层级型聚类会预先指定要将观测数据分成几部分并指定聚类数。例如，若以聚类数 3 进行聚类，则可以将观测数据分成 3 个具有相似特征的组（簇）。

在 k 均值算法中，观测数据是通过将特征向量分配给距离中心最近的簇进行划分的（见图 1）。

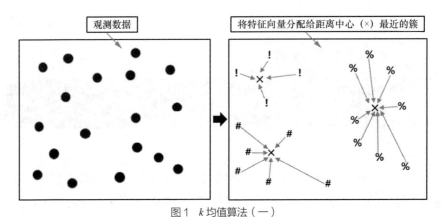

图1 k 均值算法（一）

在 k 均值算法中，可参照以下步骤将观测数据分成 3 个簇。

首先为每个观测数据分配 3 个随机的簇。然后求出每个簇的中心，也就是坐标的平均值（见图 2）。

接下来，将求出的中心作为临时簇的中心，并将距离临时簇的中心最近的数据作为该簇的一员，再次求该簇的中心（见图 3）。

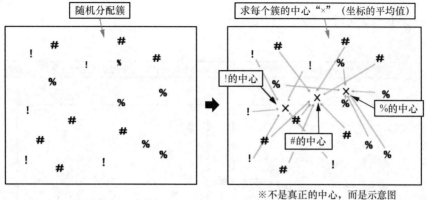

图2 k 均值算法（二）

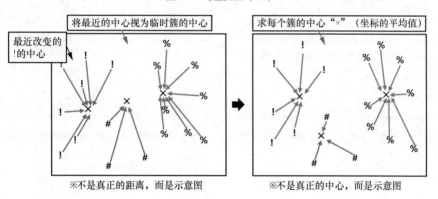

图3 k 均值算法（三）

当中心发生改变时，将距离临时簇的中心最近的数据作为该簇的一员，再次求该簇的中心（见图4）。

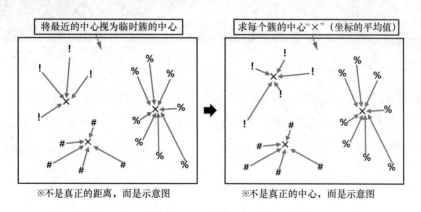

图4 k 均值算法（四）

当中心不再变化时，聚类过程结束（见图5）。

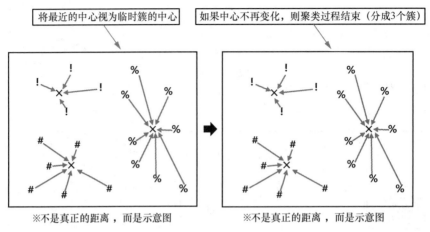

图5 *k*均值算法（五）

以上就是*k*均值算法的工作原理，可以看出，*k*均值算法既直观、又易懂。由于初始值的随机分配引起的波动幅度较大，因此在多次执行后取平均值的效果会比较好。

下面我们使用scikit-learn来尝试*k*均值算法。为了使用*k*均值算法执行聚类，scikit-learn 提供了 cluster.KMeans，其语法格式如图1所示。

```
KMeans(n_clusters=8, init='k-means++', n_init=10, max_iter=300, tol=0.0001,
precompute_distances='auto', verbose=0, random_state=None, copy_x=True, n_
jobs=1)
```

参数	说明
n_clusters	簇的数量
max_iter	k 均值算法的最大迭代次数
n_init	k 均值算法运行不同质心种子的次数
init	初始化方法：'k-means++'、'random' 或 'ndarray'
tol	用于收敛判定的容许误差
precompute_distances	是否预先计算距离

图1　cluster.KMeans 的语法格式

▶ 聚类的实现

这一次，我们将 iris 数据集分成 3 个簇。首先加载 iris 数据集并确认正确答案的类别。

```
In [1]: from sklearn.datasets import load_iris
        iris_dataset = load_iris()
        iris_dataset['target']
Out[1]: array([0, 0, 0, 0, 0, 0, 0, 0, 0, 0, 0, 0, 0, 0, 0 , 0, 0, 0, 0,
        0, 0, 0, 0, 0, 0, 0, 0, 0, 0, 0, 0, 0, 0, 0, 0, 0, 0, 0,
        0, 0, 0, 0, 0, 0, 0, 0, 0, 0, 0, 1, 1, 1, 1, 1, 1, 1, 1, 1, 1,
        1, 1 , 1, 1, 1, 1, 1, 1, 1, 1, 1, 1, 1, 1, 1, 1, 1, 1, 1,
        1, 1, 1, 1, 1, 1, 1, 1, 1, 1, 1, 1, 1, 1, 1, 1, 1, 1, 1,
        2, 2, 2, 2, 2, 2, 2, 2, 2, 2, 2, 2, 2, 2, 2, 2, 2, 2,
        2, 2, 2, 2, 2, 2, 2, 2, 2, 2, 2, 2, 2, 2, 2, 2, 2, 2,
        2, 2, 2, 2, 2, 2, 2, 2, 2, 2])
```

由此可见，iris 数据集中包含 3 种鸢尾花的数据（0×50 个标签、1×50 个标签、2×50 个标签）。下面仅将来自 iris 数据集的测试数据传给 KMeans 学习模型，看看能否顺利地将数据分成 3 个簇。

```
In [2]: # KMeans学习模型的生成(簇的数量被指定为3)
        from sklearn.cluster import KMeans
        kme = KMeans(n_clusters=3)

        # 开始聚类
        kme.fit(iris['data'])
Out[2]: KMeans(algorithm='auto', copy_x=True, init='k-means++ ', max_iter=300,
        n_clusters=3, n_init=10, n_jobs=1, precompute_distances='auto',
        random_state=None, tol=0.0001, verbose=0)
```

从输出结果可以看出，我们利用 k 均值算法成功将测试数据分成了 3 个簇。下面尝试显示聚类结果的标签。

```
In [3]: kme.labels_
Out[3]: array([1, 1, 1, 1, 1, 1, 1, 1, 1, 1, 1, 1, 1, 1, 1, 1, 1, 1, 1,
        1, 1, 1, 1, 1, 1, 1, 1, 1, 1, 1,  1, 1, 1, 1, 1, 1, 1, 1, 1,
        1, 1, 1, 1, 1, 1, 1, 1, 1, 1, 2, 2, 0, 2, 2, 2, 2, 2, 2,
        2, 2, 2, 2, 2, 2, 2, 2, 2, 2, 2, 2, 2, 2, 2, 2, 2, 0, 2, 2,
        2, 2, 2, 2, 2, 2, 2, 2, 2, 2, 2, 2, 2, 2, 2, 2, 2, 2, 2, 2,
        0, 2, 0, 0, 0, 0, 2, 0, 0, 0, 0, 0, 2, 2, 0, 0, 0, 0, 2,
        0, 2, 0, 2, 0, 0, 2, 2, 0, 0, 0, 0, 2, 0, 0, 0, 0, 2, 0,
        0, 0, 2, 0, 0, 0, 2, 0, 0, 2])
```

标签号码与最初随机分配的相同，尽管与正确答案的标签不同，但数据大致可以分为前 50 个属于簇 1、中间 50 个属于簇 2、最后 50 个属于簇 0。

如果不知道簇的数量，该怎么办？簇的数量不能从数据中分析得出吗？聚类是什么？如果有这样的疑问，那么在看到以上输出结果之后，相信您的心里应该有了答案。实际上，推算簇数的算法也有，大家可以查阅资料了解一下。